Solidity プログラミング

ブロックチェーン・スマートコントラクト開発入門

Ritesh Modi 著

花村直親・松本拓也・小池駿平 訳

講談社

Solidity Programming Essentials by Ritesh Modi
Copyright ©Packt Publishing 2018.
First published in the English language under the title
'Solidity Programming Essentials - (9781788831383)'

Japanese translation rights arranged with Packt Publishing Ltd, Birmingham
through Tuttle-Mori Agency, Inc., Tokyo.

著者紹介

　Ritesh Modi は元 Microsoft のシニアテクノロジーエバンジェリストであり，地域リードを担当していました。イーサリアム，Solidity の仕事をしており，関連して企業に対するアドバイザー業務もしていました。ブロックチェーンと Solidity のローカルミートアップにおいてもよく登壇しています。また，アーキテクトであり，エバンジェリストであり，時にスピーカーとして登壇します。ブロックチェーン，データセンター，Azure Bots，Azure cognitive services，DevOps，人工知能や自動化に対する貢献でよく知られています。

　　私は本書の執筆を通して，忍耐強さ，粘り強さを身につけることができました。私は何よりも大切な母の Bimla Modi，妻の Sangeeta Modi，娘の Avni Modi に感謝します。また，サポートしていただいた Packt チームにも感謝を捧げます。

レビュアー紹介

　Pablo Ruiz は 12 年以上，新規技術を用いた多くのプロダクト開発に携わってきました。2008 年にモバイルゲームやモバイルアプリ開発に深く関わり，後にデジタル分野のアドバイザーや投資家として多くのプロジェクトに参加しました。2015 年から 2016 年にかけてラテンアメリカの大手ベンチャーキャピタルでディレクターを務め，Fintech の投資経済圏をゼロから構築しました。2018 年に複数の ICO に積極的に取り組んだ後，エンジニアリング部門のヴァイスプレジデントとして Polymath に参加します。そこで，規制に準拠したトークン（セキュリティトークン）発行をするため，イーサリアムベースのプラットフォーム開発をリードしました。

序文

　私は政府，組織，コミュニティ，そして個人の間で，あるテクノロジーに関する議論がこれほどまでに行われたのを聞いたのは始めてです。ブロックチェーンは世界中，組織中でわけもなく議論されている技術です。ブロックチェーンは，私たちの生活に限定的に影響を与えるだけのテクノロジーではありません。

　ブロックチェーンは私たちの生活に広範囲に及ぶ影響を及ぼしてきており，その動きは今後も続いていくでしょう。ブロックチェーンが，請求の支払い，各種取引，給与の受取，身元確認，教育成果など，日常生活の多くの場面において利用される日はそれほど遠くありません。今はほんの始まりに過ぎず，私たちは分権化（decentralization）の意味とその影響を理解し始めたところなのです。

　私はかなり長い間ブロックチェーンに取り組んできましたし，また暗号通貨の投資家でもありました。技術者としての観点から驚異的なアーキテクチャを見ることで，ビットコインに完全に魅了されました。経済・社会的な問題だけでなく，ビザンチン将軍問題とビザンチンフォールトトレランス性のような未解決問題も解決する，これほどまでに優れた思考プロセスとアーキテクチャを私は見たことがありません。ブロックチェーンによって一般的な分散コンピューティング問題を解決します。

　イーサリアムはビットコインとほぼ同じように作られています。スマートコントラクトについて聞いて体験した時に，私は畏敬の念を抱きました。スマートコントラクトは分散型アプリケーションをブロックチェーンにデプロイするための素晴らしいイノベーションの一つであり，独自のロジック，ポリシー，規則を簡単に拡張できます。

　私は本書をとても楽しく執筆することができました。また，読者の方々も本書を読んでSolidityの実装を楽しんでもらえることを望んでいます。執筆にあたり，Solidityを用いた時の自身の経験を余すことなく引き出し，最大限に活用しました。あなたがより素晴らしいSolidityの開発者になるため，本書が役に立つことを願っています。本書があなたの学習にどのように役立ったかを教えていただければ，とても光栄に思います。

Ritesh Modi

訳者序文

　本書はブロックチェーンの基礎と，プログラミング言語 Solidity を体系的に学べる書籍です。Solidity は，最もメジャーなブロックチェーンの一つである Ethereum で使用されているプログラミング言語です。

　ブロックチェーンはピア・ツー・ピア通信で不特定多数が参加しても一定のルールに基づいた合意形成のもと動く，開かれた分散システムです。その特性から，お金という不特定多数の人が参加する仕組みを Bitcoin として実現しました。

　世界最大のブロックチェーンである Bitcoin の技術を踏襲しつつ，より汎用的なアプリケーション開発に利用できるようにしたブロックチェーンが Ethereum です。2013 年，Vitalik Buterin（ヴィタリック・ブテリン）によって構想が発表され，現在に至るまでコミュニティによって絶えず開発が続けられています。

　ブロックチェーンは大きな可能性を秘めていますが，時にはすべてを変えうる存在かのように拡大解釈されてきました。一時期の過度な熱狂を経て，ようやく現実的な領域での応用が盛り上がり始めています。その中でも先頭を走るのが Ethereum であり，資産の管理，所有権の移転，デジタル証明書といった文脈で徐々に活用されています。ブロックチェーンが何にでも適用できるというのは誤りですが，合意形成できる仕組みとして，いよいよ地に足のついた適用がなされつつあります。

　これから，ブロックチェーンの本質を理解し，適用できる領域を見極めることができる技術者が求められます。本質を理解するためには，仕組みの理解と手触り感を得ることが重要です。本書には多くのサンプルコードが掲載されており，原著出版社の GitHub リポジトリ (https://github.com/PacktPublishing/SolidityProgrammingEssentials) にもコードが存在しています。ぜひ本書を読みながらコードに触れることで，動く手触りを実感してください。

　ブロックチェーンのアプリケーションを開発する選択肢として，歴史が長く，開発ツールなどのエコシステムがそろっている Ethereum はとても良い選択です。本書を通じて Ethereum の仕組みと Solidity の基本を学ぶことができるでしょう。

　訳者らはそれぞれブロックチェーンの社会実装を経験してきました。得てきた知見をもって翻訳の過程でなるべく訳注をつけましたが，Ethereum の世界は日進月歩で進んでいます。書籍で示されている環境と最新の開発環境とまったく同じにはいかない点があります。とりわけ Solidity のコンパイラ (solc) は進歩が激しいので，例示コードを動かす際には書籍内で指定されているバージョンで動かすことを推奨します（プロダクトにして動かす際のバージョンは別途検討してください）。

　本書が，日本で読者の皆様がブロックチェーンを学ぶ手助けとなることを願っています。

　令和元年 7 月

　　　　　　　　　　　　　　　　　　　　　花村直親，松本拓也，小池駿平

本書の読者対象

　本書を利用するためには，事前知識として基本的なコンピュータの使用・操作知識と，一般的なプログラミングの概念が必要になります。もしその知識が足りないと感じるのであれば，まず初心者向けのプログラミング書籍に目を通しておくとよいでしょう。本書は基本的に，ブロックチェーンを利用してエンドカスタマーや企業向けに高度なサービスを提供しているブロックチェーンアーキテクト，開発者，コンサルタント，およびITエンジニアを対象としています。もしスマートコントラクトをイーサリアム上で書きたいと考えているのであれば，本書は理想的です。JavaScriptの経験があるならば，本書を速いペースで読むことができるでしょう。

本書の内容

　【第1章　ブロックチェーン，イーサリアム，スマートコントラクト入門】では，ブロックチェーンの基礎，主な専門用語，利点，解決しようとしている問題，および業界の関連性について説明します。重要な概念とアーキテクチャについてはとくに詳細に説明します。また，外部アカウント，コントラクトアカウント，GasおよびEtherの観点から見た通貨としての機能のような，イーサリアム特有の概念に関する詳細についても説明します。イーサリアムは暗号学に基づいており，ハッシュ，暗号化，トランザクションやアカウントを作成するための暗号鍵の利用方法についても学ぶことができます。トランザクションとアカウントの作成方法，各トランザクションに対するGasの支払い方法，メッセージ・コールとトランザクションの違い，コードのストレージと状態の管理について詳しく説明します。

　【第2章　イーサリアム，solidityのインストール】では，イーサリアムプラットフォームを用いたプライベートブロックチェーンの構築について説明します。プライベートチェーンを構築するために，ステップバイステップのガイダンスを提供します。イーサリアムエコシステムにおけるもう1つの重要なツールはganache-cliです。この章では，ganache-cliのインストール，Solidityのインストール，ganache-cliを用いたSolidityコントラクトのデプロイとコンパイル方法を説明します。ウォレットであり，プライベートチェーンとのインタラクションを提供するMistをインストールします。Mistは新しいアカウントの作成，コントラクトのデプロイ，利用に使われます。トランザクションのマイニングについても説明します。RemixエディタはSolidityコントラクトを書くための素晴らしいツールです。

　【第3章　Solidity入門】ではSolidityに触れていきます。Solidityのさまざまなバージョンと，pragmaを使用したバージョンの使い方を理解することによって，Solidityの基礎を学びます。もう1つの重要な点は，スマートコントラクトの作成に関する全体像を理解することです。スマートコントラクトレイアウトは，状態変数，関数，定数関数，イベント，修飾子，fallback，列挙型，構造体などの重要な構成要素を使用して詳細に説明されます。3章ではプログラミング言語の最も重要な要素，つまりデータ型と変数について説明し，実装します。単純で複雑なデータ型，値型と参照型，および記憶域とメモリ型があります。これらすべての種類の変数も例を使用して表示されます。

　【第4章　グローバル変数と関数】では，ブロック関連とトランザクション関連のグローバル関数と変数，およびアドレス関連とコントラクト関連のグローバル関数と変数の実装と使用方法について詳しく説明します。これらは一連のスマートコントラクトを開発する際に非常に便利です。

　【第5章　式と制御構造】では，if ... else文とswitch文を使用して条件付き論理をもつことになるコントラクトと関数の書き方について説明します。ループはあらゆる言語の重要な部分であり，Solidity

は配列をループするためのwhileループとforループを提供します。この章の一部としてループの例と実装があります。ループは特定の条件に基づいて中断し，それ以外の条件に基づいて続行されます。

【第6章　スマートコントラクトの作成】は，本書の中心的な章です。ここでは，本格的にスマートコントラクトを書き始めます。新しいキーワードや既存アドレス，さまざまなメカニズムを使用して，スマートコントラクトの作成，コントラクトの定義と実装，およびコントラクトと作成の設計面について説明します。Solidityは豊富なオブジェクト指向機能を提供します。継承，多重継承，抽象クラスとインタフェースの宣言，抽象関数とインタフェースへのメソッド実装の提供といったオブジェクト指向の概念と実装を深く掘り下げます。

【第7章　関数，修飾子，fallback】では，入力を受け入れて出力を返す基本関数，状態を変更せずに既存の状態をそのまま出力する関数，および修飾子の実装方法について説明します。修飾子は，Solidityでコードをより良く体系づけることと，セキュリティとコントラクト内のコードの再利用に役立ちます。fallbackは重要な構成要素であり，関数呼び出しが既存のどの関数シグニチャとも一致しない場合に実行されます。fallbackはEtherをコントラクトに送信するためにも重要です。修飾子とfallbackの両方について，理解しやすいよう例を挙げて説明し実装します。

【第8章　例外，イベント，およびロギング】は，コントラクト開発の観点から，Solidityで重要です。エラーと例外が発生した場合は，Etherを呼び出し元に返す必要があります。assert，require，revertなどの新しく出てくるSolidityの構成要素を使用して，例外処理について詳細に説明し実装します。throw文もまた説明されます。イベントとロギングは，コントラクトと関数の実行を理解するのに役立ちます。この章ではイベントとログの両方の実装について説明します。

【第9章　Truffleの基礎と単体テスト】では，Truffleの基礎，概念の理解，プロジェクトの作成とプロジェクト構造の理解，構成の変更，および作成，テスト，デプロイ，移行のライフサイクル全体を通したサンプルコントラクトの扱いをカバーします。テストは，コントラクトを書くのと同じくらい重要です。Truffleは必要なテストを書くために役立つフレームワークを提供しています。単体テストの基礎，Solidityを使用した単体テストの作成，およびスマートコントラクトに対する単体テストの実行について説明します。単体テストは，トランザクションを作成し，その結果を検証することによって実行されます。サンプルコントラクトの単体テストを作成および実行するための実装について詳細に説明します。

【第10章　コントラクトのデバッグ】では，Remixエディタやイベントなどの複数のツールを使用したトラブルシューティングとデバッグについて説明します。コードを1行ずつ実行し，各コード行の後で状態を確認し，それに従ってコントラクトのコードを変更する方法を説明します。

本書を最大限に活用するために

本書はプログラミングの基礎知識を前提としており，何らかのスクリプト言語のプログラミング経験があるのが理想的です。インターネット環境とブラウザさえあれば，本書の大部分を利用することができきます。本書にはブロックチェーン固有のツールやユーティリティをデプロイするための環境を用意する必要がある節がありますが，この環境は，物理的でも仮想的でも，クラウド上またはオンプレミスでも可能です。

サンプルコードのダウンロード

www.packtpub.com. から，本書に出てくるサンプルコードをダウンロードできます。この本を他の場所で購入した場合は，www.packtpub.com/support にアクセスして登録すれば，ファイルを直接電子メールで送信します。

次の手順に従ってコードファイルをダウンロードできます。

1. www.packtpub.com でログインまたは登録します。
2. SUPPORT タブを選択します。
3. Code Downloads & Errata をクリックします。
4. 検索ボックスに本の名前を入力して，画面上の指示に従います。

ファイルがダウンロードされたら，必ず以下の最新バージョンのソフトを使用してフォルダを解凍または抽出してください。

- WinRAR/7-Zip for Windows
- Zipeg/iZip/UnRarX for Mac
- 7-Zip/PeaZip for Linux

本書のコードは Github 上の https://github.com/PacktPublishing/SolidityProgramming Essentials でもホストされています。コードの更新があった場合，この Github リポジトリで更新をしていきます。

テキスト規約

本書には多くのテキスト規約があります。

テキスト内のコード：テキスト内のコードワード，データベーステーブル名，フォルダ名，ファイル名，ファイル拡張子，パス名，ダミー URL，ユーザ入力，および Twitter ハンドルネームを示します。「最初のブロックを作成するには genesis.json ファイルが必要です。」という場合の例を示します。

コードブロックは次のように設定されています。

```
{
"config": {
"chainId": 15,
"homesteadBlock": 0,
"eip155Block": 0,
"eip158Block": 0
},
"nonce": "0x0000000000000042",
"mixhash": "0x000000000000000000000000000000000000000000000000000000000000
00000", "difficulty": "0x200",
"alloc": {},
"coinbase": "0x0000000000000000000000000000000000000000",
"timestamp": "0x00",
"parentHash": "0x00000000000000000000000000000000000000000000000000000000000
```

```
0000000", "gasLimit": "0xffffffff",
  "alloc": {
  }
}
```
コードブロックの特定の部分に注目したい場合は，関連する行または項目は太字で設定されています。

```
[default]
exten => s,1,Dial(Zap/1|30)
exten => s,2,Voicemail(u100)
exten => s,102,Voicemail(b100)
exten => i,1,Voicemail(s0)
```

すべてのコマンドライン入力または出力は，次のように書かれています。

```
npm install -g ganache-cli
```

太字：新しい用語，重要な単語，またはスクリーンに映される単語を示します。たとえば，メニューやダイアログボックス内の単語は，このようにテキストに表示されます。例として「あるアカウントから別のアカウントにEtherを送信するには，アカウントを選択して送信ボタンをクリックしてください」といった具合です。

注意点や重要な注釈をここで説明しています。

コツやヒントをここで説明しています。

目次

著者・レビュアー紹介..iii

序文...iv

訳者序文..v

第1章　ブロックチェーン，イーサリアム，スマートコントラクト入門.........1

ブロックチェーンとは何か..2
なぜブロックチェーンなのか...3
暗号学..4
　対称暗号における暗号化と復号化...4
　非対称暗号における暗号化と復号化..4
　ハッシュ化..4
　デジタル署名...6
Ether..6
Gas..7
ブロックチェーンとイーサリアムのアーキテクチャ..8
　ブロック同士はどのように関連しているのか..9
　トランザクションとブロックはどのように関連しあっているのか...........................10
イーサリアムノード...11
　EVM...11
　イーサリアムマイニングノード...12
　マイニングはどのように動作するか..13
イーサリアムアカウント..14
　外部アカウント..14
　コントラクトアカウント..15
トランザクション..15
ブロック...18
エンドトゥエンドのトランザクション...19
コントラクトとは何か...20
スマートコントラクトとは何か..20
　スマートコントラクトの書き方...20
コントラクトのデプロイ方法..24
まとめ..25

| x | 目次 |

第2章　イーサリアム，solidityのインストール 27

イーサリアムネットワーク 28
　メインネットワーク 28
　テストネットワーク 28
　　Ropsten .... 29　　　Rinkeby .... 29　　　Kovan 29
　プライベートネットワーク 29
　コンソーシアムネットワーク 29
Geth 30
　Gethをwindowsにインストールする 30
プライベートネットワークの作成 33
ganache-cli 38
Solidityコンパイラ 41
web3 JavaScriptライブラリ 41
Mistウォレット 43
MetaMask 45
まとめ 48

第3章　Solidity入門 51

Etherum Virtual Machine 52
SolidityとSolidityファイル 52
　Pragma 53
　コメント 54
　インポート文 55
　コントラクト 55
コントラクトの構造 56
　状態変数（state variables） 57
　構造体（struct） 59
　修飾子（modifier） 59
　イベント 60
　列挙型（enum） 61
　関数 62
Solidityにおけるデータ型 63
　値型 64
　　値渡し 64
　参照型 64
　　参照渡し 65
ストレージとメモリデータ 66
　ルール1 66

xi

ルール2 66

ルール3 66

ルール4 67

ルール5 67

ルール6 68

ルール7 69

ルール8 70

リテラル 71

整数型 72

論理型 73

バイトデータ型 74

配列 75

固定配列 76

動的配列 76

特別な配列 76

バイト配列 ....77　　　　文字列配列 77

配列の属性 77

配列の構造体 78

列挙 79

アドレス 80

マッピング 81

まとめ 84

第4章　グローバル変数と関数 87

var型変数 88

変数の巻き上げ 89

変数のスコープ 89

型変換 90

暗黙的な型変換 91

明示的な型変換 91

ブロックとトランザクションのグローバル変数 92

トランザクションとメッセージのグローバル変数 94

tx.originとmsg.senderの違い 94

暗号化グローバル関数 95

アドレスに紐づくグローバル変数と関数 96

コントラクトアドレス固有のグローバル変数と関数 96

まとめ 97

第5章	**式と制御構造**	**99**
	Solidityの式	100
	if決定制御	102
	whileループ	103
	forループ	105
	do...whileループ	106
	break構文	107
	continue構文	108
	return構文	109
	まとめ	110

第6章	**スマートコントラクトの作成**	**111**
	スマートコントラクト	112
	スマートコントラクトの記法	112
	コントラクトの作成	113
	newキーワードを使用する	113
	コントラクトアドレスを使用する	114
	コンストラクタ	115
	複合コントラクト（Contract composition）	116
	継承	117
	単一継承	117
	多段継承	118
	階層継承	119
	多重継承	119
	カプセル化	121
	多態性（Polymorphism）	122
	関数多態性（Function polymorphism）	122
	コントラクト多態性（Contract polymorphism）	122
	オーバーライド	124
	抽象コントラクト	124
	インタフェース	126
	まとめ	127

第7章	**関数，修飾子，fallback**	**129**
	関数のインプットとアウトプット	130
	修飾子	132
	ビュー，定数，純関数	134

address関数 136

　　send メソッド 136

　　transfer メソッド 138

　　call メソッド 138

　　callcode メソッド 140

　　delegatecall メソッド 141

fallback関数 141

まとめ 142

第8章　例外，イベント，ロギング 145

エラーハンドリング 146

　　require文 146

　　assert文 147

　　revert文 148

イベントとロギング 149

まとめ 152

第9章　Truffle の基礎と単体テスト 153

アプリケーション開発ライフサイクル管理 154

Truffle 154

Truffleを使った開発 155

Truffleを使ったテスト 161

まとめ 162

第10章　コントラクトのデバッグ 163

デバッグ 164

Remixエディタ 164

　　イベントの使用 167

ブロックエクスプローラの使用 167

まとめ 170

索引 171

第1章 ブロックチェーン，イーサリアム，スマートコントラクト入門

　この10年，テクノロジーとコンピューティング分野において脅威的な進化が見られました。Internet of Things（IoT）から人工知能（AI），ブロックチェーンまで，技術革新の大きなうねりが巻き起こっています。これらの技術は多くの業界に破壊的な影響力をもっており，ブロックチェーンも潜在的にそうした力をもっています。ブロックチェーンはほとんどすべての業界を変える可能性があり，革命的で，新しいビジネスモデルをもたらしています。ブロックチェーンは新しい技術ではありませんが，この数年間勢いを増してきました。これは非中央集権型の分散アプリケーションを考える上において大きな飛躍です。これが，現在のアーキテクチャと改ざんできない分散型データベースに移行するための戦略をとりまく状況です。

　第1章では，ブロックチェーンとイーサリアムの基本的な概念について説明します。また，ブロックチェーンとイーサリアムを動作させる重要な概念のいくつかについても説明します。さらに，スマートコントラクトの話題とSolidityを用いてスマートコントラクトを作成する方法について簡単に触れます。

　ブロックチェーンの重要な概念についても簡単に説明しますが，そのすべてを詳細に説明するものではありません（そのためには別の本が必要です）。イーサリアムはブロックチェーンの1つの実装でもあるので，概念と実装というこの2つの語は，本書では互換可能であることがあります。

本章で扱う内容
- ブロックチェーンとは何で，何のために使われるか。
- 暗号学
- EtherとGas
- ブロックチェーンとイーサリアムの構造
- ノード
- マイニング
- アカウント，トランザクション，ブロックの理解
- スマートコントラクト

ブロックチェーンとは何か

ブロックチェーンは非中央集権型の分散データベースまたは台帳であり，本質的に以下の特性を備えています。

- **非中央集権型（Decentralization）**：ネットワーク上のサーバが壊れたり，利用不可能になったとしてもアプリケーションやサービスは動き続けるという意味です。データや実行ロジックのコピーをすべてのサーバがもっているため，サービスやアプリケーションは，どのサーバもデータやロジックの実行について絶対的な支配権をもたないようにデプロイされます。
- **分散型（Distributed）**：どのサーバやネットワーク上のノードも他のすべてのノードに接続するという意味です。サーバ同士の接続は，1対1または1対多の構造ということもできますが，多対多の構造をもっているという方が正確です。
- **データベース（Database）**：データベースは，任意の時点でアクセスできる堅牢なデータの格納場所を意味します。データの格納と検索機能，エクスポート，インポート，バックアップ，復元などのデータを効率的に管理する機能をもちます。
- **台帳（Ledger）**：台帳とは会計用語であり，「特殊なデータの格納と検索」と考えてください。銀行が利用できる台帳を考えてみましょう。たとえば，銀行が取引を実行すると，トムは口座に100ドルを入金し，この情報を台帳に貸方として入力します。将来のある時点でトムは25ドルを引き出します。銀行はすでに格納しているデータを100ドルから75ドルに変更することはしません。代わりに25ドルの借方を別エントリとして追加します。台帳が既存データの変更をできない特殊なデータベースであることを意味します。台帳の現在の残高を変更するためには新しいトランザクションを作成して追加することが必要になります。ブロックチェーンはこの台帳と同じ特徴をもつデータ

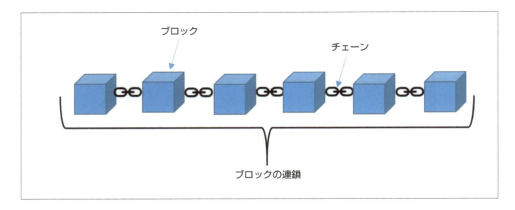

ベースといえます。新しいトランザクションは，過去のトランザクションを変更することはしない，追加だけが許された方式で格納されます。既存のデータは新しいトランザクションを利用することで変更可能ですが，過去のトランザクションは変更できないということが重要です。100ドルの残高は新しい借方・貸方のトランザクションを発行することでいつでも変更できます。しかし，過去のトランザクションは変更できません。

ブロックチェーンは，"ブロックの連鎖"すなわち多くのブロックが互いに連なっていることを意味します。それぞれのブロックは，変更ができない方法でトランザクションを格納します。ブロックチェーンにおけるトランザクションの格納方法と改ざん不可能性の実現方法については，後の節で説明します。

非中央集権型と分散型の実現のために，ブロックチェーンという解決法は安定性があり，堅牢かつ耐久性があり，高可用性をもっています。単一障害点[1]はありません。どの単一ノードやサーバもデータおよびソリューションの所有者ではなく，誰もがステークホルダーとして参加します。

誰も過去のトランザクションを取り替えたり変更することができないため，ブロックチェーンは信頼性が高く，透明性があり，堅牢です。イーサリアムはスマートコントラクトを用いて機能性を実現しています。スマートコントラクトについては，本書を通して詳細に説明していきます。

なぜブロックチェーンなのか

イーサリアムの主な目的は，アカウントからトランザクションを受け取り，その状態（state）を更新し，この状態を別のトランザクションが再び更新するまで維持することです。トランザクションを受け入れ，実行し，そして書きこむ全プロセスは，イーサリアムにおいて2つの段階に分けることができます。それは，トランザクションがイーサリアムによって受け入れられる段階と，トランザクションが実行されて台帳に書き込まれる段階であり，その間には隔たりがあります。この隔たりは，分権化と分散アーキテクチャが期待どおりに機能するために非常に重要です。

ブロックチェーンは，主に次の3つの異なる面で役立ちます。

- **信頼（Trust）**：ブロックチェーンは，複数の人が分散して所有するアプリケーションを開発する時に役立ちます。誰にも以前の取引を変更または削除する権限はなく，誰かがそうしようとしても，他のステークホルダーが防ぐことができます。
- **自律（Autonomy）**：ブロックチェーンベースで作られたアプリケーションの所有者は一人もいません。ブロックチェーンを制御することは誰もできませんが，ブロックチェーンを動かすことには誰もが参加できます。これにより，操作も破損を引き起こさないソリューションを作成するのに役立ちます。

---

1 訳注：ある単一箇所が働かないと，システム全体が障害となるような箇所のことです。

●**仲介（Intermediaries）**：ブロックチェーンベースのアプリケーションは，仲介者を既存のプロセスから排除することに役立ちます。仲介者の例として，自動車登録と車両ライセンスの発行，また運転免許証の発行などを行う中央機関を想像してみてください。ブロックチェーンベースのシステムを考えた時，中央機関の保証は必要なく，ライセンス発行や車両登録はブロックチェーンのマイニングによって代替されます。

次の節で見るように，ブロックチェーンは暗号技術に大きく依存しています。

暗号学

暗号学は，平文を秘密のテキストや何らかの意味をもつテキストに変換，または逆変換する科学です。暗号学は所有している鍵を使用して簡単に解読できないデータにして送信することや，その保管に役立ちます。次の2種類の暗号があります。

●対称暗号
●非対称暗号

対称暗号における暗号化と復号化

対称暗号は，暗号化と復号化の両方に単一の鍵を使用する処理方式です。この方式を使用してメッセージを交換する場合，複数の人が同じ鍵を利用できるようにする必要があります。

非対称暗号における暗号化と復号化

非対称暗号とは，暗号化と復号化に2つの鍵を使用する処理方式です。どちらの鍵も暗号化と復号化に使用できます。公開鍵によるメッセージの暗号化は，秘密鍵を使用して復号化することができ，秘密鍵で暗号化されたメッセージは，公開鍵を使用して復号化することができます。

例を使って理解してみましょう。トムはアリスの公開鍵を使ってメッセージを暗号化し，それをアリスに送信します。アリスは自分の秘密鍵を使ってメッセージを解読し，メッセージの内容を抽出することができます。アリスの公開鍵で暗号化されたメッセージは，アリスだけが自分の秘密鍵を持っている場合，アリスだけが復号化することができます。これは，非対称キーの一般的な使用例ですが，デジタル署名について考える際には別の応用方法があります。

ハッシュ化

ハッシュ化は，何らかの入力データを固定長のランダムな文字データに変換する処理であり，結果の文字列データから元のデータを再生成することや識別することはできません。ハッシュ値はインプットデータの指紋のようなものとして知られています。ハッシュ値に基づいて入力データを導出することはほぼ不可能です。ハッシュ化は，入力データのわずかな変更でも出力データ

を完全に変更し，元のデータに変更があったかを誰も確認できないことを保証します。

　ハッシュ化の重要な特性は，入力文字列データのサイズにかかわらず，その出力の長さは常に固定であるということです。たとえば，SHA256のハッシュアルゴリズムと関数を任意の長さの入力に使用すると，常に256ビットの出力データが生成されます。これは，大量のデータを256ビットの出力データとして保存できる場合に特に役立ちます。イーサリアムはハッシュ技術を非常に幅広く使用しており，すべてのトランザクションをハッシュします。さらに，一度に2つずつトランザクションのハッシュをまとめてハッシュ化し，最終的にはブロック内のすべてのトランザクションに対して単一のルート・トランザクション・ハッシュを生成します。

　ハッシュ化のもう1つの重要な特性は，同じハッシュを出力する2つの異なる入力文字列を識別することが数学的に実現可能ではないことです。同様に，ハッシュ自体からの入力を計算によって見つけることはできません。イーサリアムはそのハッシュアルゴリズムとしてKeccak256を使用しました。

　次のスクリーンショットはハッシュ化の例です。Ritesh Modiという文字列がハッシュになっています。

SHA256 Hash

Data: Ritesh Modi

Hash: b9fda68f334232a4c832ff355aef9949bf3229cd2f9be8dccf95c8ee1d2c2dbb

　入力を少しだけ変更したとしても，完全に異なるハッシュが生成されることがわかります（この例では，姓と名の間の半角スペースを削除）。

SHA256 Hash

Data: RiteshModi

Hash: d1571b194cf62f3ffd7601af6777b370b17e9641da8878b2994c18d69317abc4

デジタル署名

先ほど，非対称鍵を使用した暗号について説明しました。非対称鍵を使用する重要なケースの
1つは，デジタル署名の作成と検証です。デジタル署名は，個人が紙に書いた署名と非常によく
似ています。紙の署名と同様に，デジタル署名は個人を識別するのに役立ちます。また，メッセー
ジ転送時における改ざん耐性を強化します。次の例でデジタル署名を理解しましょう。

アリスはトムにメッセージを送ろうとしています。トムは，メッセージがアリスのみから来た
ものであること，およびメッセージが転送中に変更または改ざんされていないことに確証を得る
ことができるでしょうか？ 平文のメッセージ／トランザクションを送信する代わりに，アリス
はメッセージ全体のハッシュを作成し，ハッシュを秘密鍵で暗号化します。結果のデジタル署名
をハッシュに付加してトムに送信します。トランザクションがトムに届くと，トムはデジタル署
名を抽出し，元のハッシュを見つけるためにアリスの公開鍵を使用してそれを解読します。また，
残りのメッセージから元のハッシュを抽出し，両方のハッシュを比較します。ハッシュが一致す
れば，それは実際にアリスから発信されたものであり，改ざんされていないことを意味します。

デジタル署名は，Etherのような暗号通貨や資産の所有者がトランザクションデータに署名す
る時に使用されます。

Ether

Etherはイーサリアムの通貨です。イーサリアムの状態を変更するすべての操作は，Etherを
手数料として払う必要があり，チェーンにブロックを生成して書き込むのに成功したマイナーの
報酬となります。Etherは暗号通貨取引所を通じてドルや他の伝統的な通貨に簡単に変換できま
す。イーサリアムには，Etherの単位として使用される金種の指標があります。Etherの最小単
位または基本単位はweiと呼ばれます。以下は，指定された金種のリストと利用可能なweiの値
であり，https://github.com/ethereum/web3.js/blob/0.15.0/lib/utils/utils.js#L40 に 定
義されています。

```
var unitMap = {
    'wei' : '1',
    'kwei': '1000',
    'ada': '1000',
    'femtoether': '1000',
    'mwei': '1000000',
    'babbage': '1000000',
    'picoether': '1000000',
```

```
    'gwei': '1000000000',
    'shannon': '1000000000',
    'nanoether': '1000000000',
    'nano': '1000000000',
    'szabo': '1000000000000',
    'microether': '1000000000000',
    'micro': '1000000000000',
    'finney': '1000000000000000',
    'milliether': '1000000000000000',
    'milli': '1000000000000000',
    'ether': '1000000000000000000',
    'kether': '1000000000000000000000',
    'grand': '1000000000000000000000',
    'einstein': '1000000000000000000000',
    'mether': '1000000000000000000000000',
    'gether': '1000000000000000000000000000',
    'tether': '1000000000000000000000000000000'
};
```

Gas

　前節では，イーサリアムで状態が変わるすべての実行に対して，Etherを使用して料金を支払うことを説明しました。Etherは取引所で取引されており，その価格は毎日変動しています。Etherを使用して料金を支払う場合，同じサービスを使用するコストは，ある日には非常に高く，またある日には低くなる可能性があります。そのため，人々はEtherの価格が下落して取引を実行するのを待つでしょう。しかしこのことはイーサリアムのようなプラットフォームには理想的ではありません。この問題を緩和するのにGasが役立ちます。

　Gasはイーサリアムの内部通貨です。実行と資源利用のコストは，Gas単位でイーサリアムであらかじめ決められています。これは**Gas Cost（ガスコスト）**とも呼ばれます。Etherの価格が上がると低価格に調整でき，Etherの価格が下がると価格が高くなる**Gas Price（ガス価格）**もあります。たとえば，文字列を変更するコントラクトの関数を呼び出すには，事前に設定されている料金がかかります。この取引を円滑に行うためにはGasで支払う必要があります。

ブロックチェーンとイーサリアムのアーキテクチャ

　ブロックチェーンは複数のコンポーネントからなるアーキテクチャであり，これらのコンポーネントが互いに機能し相互作用する方法によって特性が定まります。重要なイーサリアムのコンポーネントは，**Ethereum Virtual Machine（EVM）**，マイナー，ブロック，トランザクション，コンセンサスアルゴリズム，アカウント，スマートコントラクト，マイニング，Ether，およびGasです。本節では，これらの各コンポーネントについて説明します。

　ブロックチェーンネットワークは，マイナーと，マイニングはしないがスマートコントラクトとトランザクションを実行する手助けをする複数のノードで構成されています。これらはEVMとして知られています。各ノードは，ネットワーク上の別のノードに接続されています。これらのノードは，peer-to-peerのプロトコルで互いに通信します。デフォルトではポート30303を使用して通信します。

　各マイナーは台帳のインスタンスを管理しています。台帳にはチェーン内のすべてのブロックが含まれます。複数のマイナーが参加することを考えると，各マイナーの台帳インスタンスは異なるブロックをもつ可能性があります。マイナー達は，すべてのマイナーの台帳のインスタンスが他のインスタンスと同じ内容であることを保証するために，ブロックを同期させ続けます（台帳，ブロック，トランザクションの詳細については，次の節で詳しく説明しています）。

　スマートコントラクトは，個別のビジネスロジックを実装することでイーサリアムの機能を拡張できます。ネットワーク上のアカウントをもっている人は，自分のアカウントから別のアカウントにEtherを転送するためのメッセージを送信したり，コントラクト内の関数を呼び出すためのメッセージを送信したりすることができます。イーサリアムは，それらをトランザクションとみなすだけで区別しません。トランザクションはアカウント所有者の秘密鍵でデジタル署名されていなければなりません。これは，トランザクションを確認して複数の勘定の残高を変更しながら，差出人の身元を確認できるようにするためです。次ページの図でイーサリアムのコンポーネントを見てみましょう。

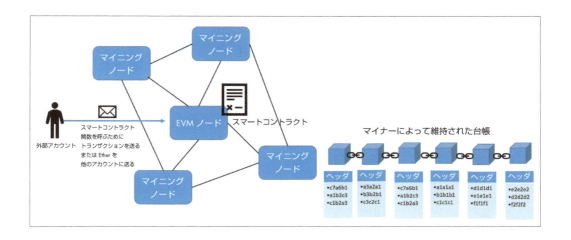

ブロック同士はどのように関連しているのか

　ブロックチェーンとイーサリアムでは，すべてのブロックが別のブロックに関連しており，2つのブロック間に親子関係があります。親は1人の子供しかもてず，子供は1人だけ親をもつことができます。こうした親子関係によってブロックチェーンの連鎖を形成します。ブロックについては，p.18から説明します。

　次の図では，ブロック1，ブロック2，およびブロック3の3つのブロックが示されています。ブロック1はブロック2の親であり，ブロック2はブロック3の親です。この関係は，親ブロックのハッシュ値を子のブロックヘッダに格納することによって確立されます。ブロック2は，ブロック1のハッシュ値をブロックヘッダに格納し，ブロック3は，ブロック2のハッシュ値をブロックヘッダに格納します。この時，最初のブロックの親は何になるのでしょうか。イーサリアムは，最初のブロックであるジェネシスブロック（Genesis Block）の概念をもっています。このブロックは，チェーンが最初に開始されたときに自動的に作成されます。連鎖はジェネシスブロックで開始され，このブロックの形成はgenesis.jsonファイルを介して開始されるといえます。以下の図を見てみましょう。

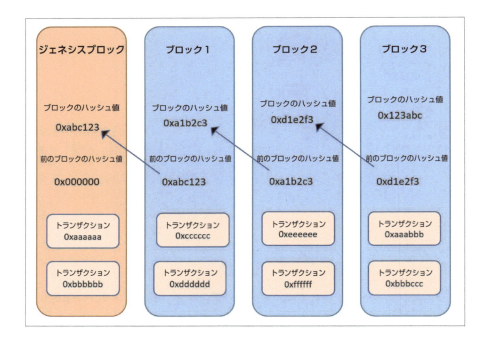

　genesis.jsonファイルを使用してブロックチェーンを初期化して最初のブロックを作成する方法は，第2章で示します。

トランザクションとブロックはどのように関連しあっているのか

　ブロックが互いに関連していることがわかったので，次の関心はトランザクションがブロックにどのように関連しているかということになるでしょう。イーサリアムはトランザクションをブロック内に格納します。各ブロックにはGas Limit（ガスリミット）があり，各トランザクションではその実行過程において，ある一定量のGasが消費されていきます。台帳にまだ書かれていないすべてのトランザクションからの累積Gasは，ブロックのGas Limitを超えることはできません。この仕様によって，台帳にまだ書かれていないすべてのトランザクションが1つのブロック内に格納されることはありません。Gas Limitに達するとただちに，ブロックから他のトランザクションが取り除かれたうえでマイニングが開始されます。

　トランザクションはハッシュされ，ブロックに格納されます。2つずつトランザクションのハッシュ値が取られ，さらにハッシュされて別のハッシュ値が生成されます。この処理によって2つずつハッシュ値が取られる結果，ブロック内に格納されたすべてのトランザクションから単一のハッシュ値を提供します。このハッシュ値は**トランザクション・マークルルート・ハッシュ**（transaction Merkle root hash）と呼ばれ，ブロックのヘッダに格納されます。いずれかのトランザクションが変更されると，ハッシュが変更され，最終的にはルートのトランザクションハッ

シュが変更されます。ブロックのハッシュが変更され，子ブロックが親ハッシュを格納するため，そのハッシュを変更する必要があるため，累積的な効果があります。これは，トランザクションを改ざん不可能にするのに役立ちます（以下の図を参照）。

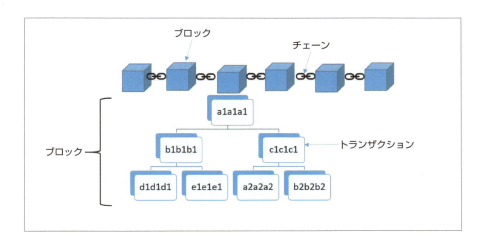

イーサリアムノード

ノードは，イーサリアムネットワークを形成するためにpeer-to-peerのプロトコルを使用して接続されているコンピュータを表します。イーサリアムのノードには次の2種類があります。
- EVM（Ethereum Virtual Machine）
- マイニングノード

この区別は，イーサリアムの概念を明確にするためのものであることに留意してください。ほとんどの場合において，EVMだけとして動くノードはありません。代わりに，すべてのノードはEVMノードと同様にマイナーとして機能します。

EVM

EVMについては，イーサリアムネットワークの実行ランタイムと考えてください。EVMの主な役割として，スマートコントラクトで記述されたコードを実行できるランタイムを提供することが挙げられます。EVMはコントラクトアカウントと通常の金額をもつアカウントである外部アカウント（Externally owned account），およびそれらのストレージデータにアクセスできます。また，EVMは台帳すべてへのアクセスはありませんが，現在のトランザクションに関する限定的な情報は保持しています。

EVMはイーサリアムの実行コンポーネントといえます。EVMの目的は，スマートコントラク

トのコードを行単位で実行することです。ただし，トランザクションが登録されてからすぐには実行されません。その代わりトランザクションプールに貯められ，プールされただけではトランザクションはまだイーサリアムの台帳には書かれません。

イーサリアムマイニングノード

マイナーはイーサリアムチェーンへのトランザクションの書き込みを担当します。マイナーの仕事は会計士の仕事と非常によく似ています。会計士が台帳の作成と維持を担当しているのと同様に，イーサリアム台帳にトランザクションを書き込むことについては，マイナーが単独で責任を負います。

マイナーは，マイニングで得られる報酬のためにトランザクション取引を台帳へ書き込もうとします。マイナーは，ブロックをチェーンに書き込む報酬とブロック内のすべてのトランザクションからの累積したGasを手数料とした2種類の報酬を得ます。一般的に，ブロックチェーンネットワーク内では，トランザクションを書き込もうと競争する多くのマイナーが存在しています。ただし，1人のマイナーしかブロックを台帳に書き込むことはできず，残りのマイナーは書き込むことができません。

ブロックの作成を担当するマイナーは，パズルのような方法で決定されます。挑戦権はすべてのマイナーに与えられ，計算能力を使ってパズルを解決しようとします。パズルを解くマイナーは，トランザクションを含むブロックを最初に自分の台帳に書き込み，そのブロックとナンス値を他のマイナーに送信して検証します。確認され，承認されると，新しいブロックはマイナーに属するすべての台帳に書き込まれます。

この処理では，勝利したマイナーは報酬として5 Etherを受け取ります[2]。すべてのマイニングノードはイーサリアム台帳の独自のインスタンスを保持し，台帳は最終的にすべてのマイナーが同じものをもちます。台帳が最新のブロックで更新されることを保証するのは，マイナーの仕事です。

次の3つの重要な機能は，マイナーまたはマイニングノードによって実行されます。

● マイニングで新しいブロックを作成し，イーサリアム台帳に書き込む機能
● 新しくマイニングされたブロックを他のマイナーに伝播する機能
● 他のマイナーによってマイニングされた新しいブロックを受け入れ，独自の台帳インスタンスを最新の状態に保つ機能

マイニングノードとは，マイナーのもつノードを指します。これらのノードは，EVMがホストされているのと同じネットワークの一部です。ある時点で，マイナーは新しいブロックを作成し，トランザクションプールからすべてのトランザクションを収集し，新しく作成したブロック

---

2 訳注：マイニングの報酬は，その時の仕様によって異なります。

に追加します。最後に，このブロックがチェーンに追加されます。ブロックにトランザクション
を書き込む概念は次の節で説明しますが，書き込む前にターゲットパズルの合意と解決などの追
加の概念があります。

マイニングはどのように動作するか

　ここで説明したマイニングのプロセスは，ネットワーク上のすべてのマイナーに適用され，す
べてのマイナーは，ここで言及されたタスクを定期的に実行し続けます。

　マイナーは常に新しいブロックをマイニングするよう待ち構えており，他のマイナーから新た
なブロックを積極的に受け取っています。また，トランザクションプールに格納される新しいト
ランザクションを監視しています。マイナーは検証後に受け取ったトランザクションを他の接続
ノードにも転送します。前述のように，ある時点で，マイナーはトランザクションプールからす
べてのトランザクションを収集します。この活動はすべてのマイナーが行います。

　マイナーは新しいブロックを作成し，トランザクションを追加します。これらのトランザクショ
ンを追加する前に，他のマイナーから受け取るブロックにすでに書き込まれているトランザク
ションがあるかどうかをチェックします。トランザクションがあれば，それらは破棄されます。
また，マイナーはブロックのマイニング報酬を得るためにコインベーストランザクション[3] を追
加します。次にマイナーが行うことは，ブロックヘッダを生成し，次のタスクを実行することです。

1. マイナーは，すべてのトランザクションを基にした単一のハッシュ値を取得するまで，
   一度に2つのトランザクションのハッシュ値を取ります。ハッシュはルート・トラン
   ザクション・ハッシュまたはトランザクション・マークルルート・ハッシュと呼ばれ，
   このハッシュはブロックヘッダに追加されます。
2. マイナーは，前のブロックのハッシュ値も識別します。前のブロックは現在のブロッ
   クの親となり，そのハッシュ値もブロックヘッダに追加されます。
3. マイナーは，状態のルートハッシュとトランザクションレシート[4] のルートハッシュ
   を計算し，ブロックヘッダに追加します。
4. ナンスとタイムスタンプもブロックヘッダに追加されます。
5. ブロックヘッダとボディの両方からなるブロックハッシュが生成されます。
6. マイニングプロセスは，マイナーがナンス値を変更し続けるところで開始され，与え
   られたパズルへの答えとして満足するハッシュ値を見つけようとします。ここに記載
   されているすべてがネットワーク内のすべてのマイナーによって実行されることに注
   意してください。

---

3 訳注：マイニングによって発生する特殊なトランザクションのことです。
4 訳注：トランザクションレシートとは，トランザクションの実行結果を表現するデータで，マークルツリー構造で保持さ
れます。

7. 最終的に，マイナーの1人がパズルを解くことができ，ネットワーク内の他のマイナーにパズルを転送することができます。他のマイナーは答えを検証し，正しく見つかった場合は，すべてのトランザクションをさらに検証し，ブロックを受け入れ，台帳インスタンスに追加します。

この処理全体は，マイナーがパズルの解答を計算して求める（プルーフ・オブ・ワーク；PoW）としても知られています。Proof of Stake（PoS）やProof of Authority（PoA）のような他のアルゴリズムもありますが，本書では説明しません。

ブロックヘッダとその内容を次の図に示します。

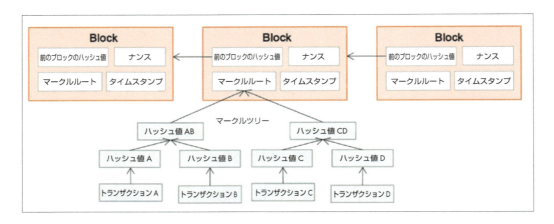

イーサリアムアカウント

アカウント（account）は，イーサリアムのエコシステムにおいて主要な要素です。トランザクションはアカウント間の相互作用で，イーサリアムが取引として台帳に保管します。イーサリアムには，外部アカウントとコントラクトアカウントという2種類のアカウントがあります。デフォルトで，各アカウントにはbalanceという属性があり，Etherの現在の残高を照会するのに役立ちます。

外部アカウント

外部アカウント（Externally owned account）は，イーサリアム上でユーザが所有するアカウントです。アカウントはイーサリアム上では名前で参照されません。個人がイーサリアム上に外部アカウントを作成すると，公開鍵／秘密鍵が生成されます。公開鍵から外部アカウントのIDが生成される一方で，秘密鍵は個人によって安全なところで保管されます。公開鍵は一般に256文字ですが，イーサリアムは最初の160文字を使用してアカウントのIDを表します。

たとえば，ボブがイーサリアムネットワーク上のアカウントを作成した場合（プライベートネットワークかパブリックネットワークかに関わらず），自分の秘密鍵を自分自身で利用できるようになりますが，公開鍵の最初の160文字は自分のIDになります。ネットワーク上の他のアカウントは，EtherやEther上で発行された暗号通貨をこのアカウントに送信できるようになります。

イーサリアムのアカウントの例を以下に示します。

```
0xa57de277ede9c1521f51f6989ed2497a5b9c1926
```

外部アカウントは，Etherを残高として保持し，コードはもちません。他の外部アカウントとのトランザクションを実行することができ，コントラクト内の関数を呼び出すことによってトランザクションを実行することもできます。

コントラクトアカウント

コントラクトアカウント（contract account）は外部アカウントと非常に似ています。コントラクトアカウントは公開アドレスで識別され，秘密鍵は有していません。また，外部アカウントと同様にEtherを保持することができますが，関数と状態変数で構成されるスマートコントラクトのコードが含まれている点は外部アカウントと異なります。

トランザクション

トランザクション（取引）は，買い手と売り手や供給者と消費者の間で現在または未来に行われる行為です。トランザクションでは資産や製品，サービスが通貨や暗号通貨などと交換されます。

イーサリアムはトランザクションの実行に役立ちます。以下に，イーサリアムで実行される3つのタイプのトランザクションを示します。

- **あるアカウントから別のアカウントへのEtherの転送**：アカウントは外部アカウントまたはコントラクトアカウントです。次のような場合が考えられます。
  - 外部アカウントへEtherを送金する外部アカウント
  - コントラクトアカウントへEtherを送金する外部アカウント
  - コントラクトアカウントへEtherを送金するコントラクトアカウント
  - 外部アカウントへEtherを送金するコントラクトアカウント
- **スマートコントラクトのデプロイ**：外部アカウントはEVMでトランザクションを使うことでコントラクトをデプロイできます。
- **コントラクト内での関数利用または呼び出し**：状態を変更するコントラクト内で関数を

実行することは，イーサリアム内のトランザクションとみなされます。関数を実行しても状態が変わらない場合は，トランザクションは必要ありません。

トランザクションには，以下に関連する重要な属性があります。

- from属性は，トランザクションを開始したアカウント，GasとEtherを送る準備ができているアカウントを表します。GasとEtherの概念については，この章の前半で説明しました。fromのアカウントは外部アカウントでもコントラクトアカウントでも指定できます。

- to属性は，取引所の代わりにEtherまたはその他の便益[5]を受け取っているアカウントを指します。コントラクトのデプロイに関連するトランザクションの場合，to属性は空になります。toのアカウントは外部アカウントでもコントラクトアカウントでもかまいません。

- value属性は，あるアカウントから別のアカウントに転送されるEtherの量を指します。

- input属性は，コントラクトのコンパイルされたバイトコードを参照し，EVMのコントラクトのデプロイに使用されます。スマートコントラクトの関数呼び出しに関連するデータをパラメータとともに格納するためにも使用されます。ここでは，コントラクトの関数が呼び出されるイーサリアムの典型的なトランザクションを示します。

次のスクリーンショットは，コントラクトの関数呼び出しとそのパラメータを含むinputのフィールドを示します。

```
{ blockHash: '0xba93a91df520c7565e80347346e47b83a41d473a33352d1cf7e689c30b305ba5',
  blockNumber: 70,
  from: '0xa57de277ede9c1521f51f6989ed2497a5b9c1926',
  gas: 90000,
  gasPrice: BigNumber { s: 1, e: 10, c: [ 18000000000 ] },
  hash: '0x6b65b86462e6aa89d5f9469ce03b9ea21e8bf72f8c11aa72de2978f9b7a5b9fd',
  input: '0xc8aaea40000000000000000000000000000000000000000000000002000000000000000000
  nonce: 1,
  to: '0x6b90c690b23af11c9575c2b9b8e26d47d84b4f8b',
  transactionIndex: 0,
  value: BigNumber { s: 1, e: 0, c: [ 0 ] },
  v: '0x42',
  r: '0xd4f5adb0f1739105668afa5aba700ae4f031e88e9f21bdb7ac787a3af156baf7',
  s: '0x7f89cda2ae325948f73bcd8da93e2cd6cf9917b22e32d93c3f8caedc0edcd1' }
```

- blockHash属性は，このトランザクションが属するブロックのハッシュ値を表します。

- blockNumber属性は，このトランザクションが属するブロック番号を表します。

- gas属性は，このトランザクションを実行している送信者によって供給されたGasの量を指します。

- gasPrice属性は，送信者がweiで支払う予定のGasあたりの価格を指します。総Gas

---

5 訳注：イーサリアム上で発行されたトークンなどと考えられます。

は Gas 単位 * Gas 価格で計算されます。

● hash 属性は，トランザクションのハッシュ値を表します。

● nonce 属性は，現在のトランザクションの前に送信者が行ったトランザクションの数を示します。

● transactionIndex 属性は，ブロック内の現在のトランザクションの番号を参照します。

● value 属性は，送金された Ether を wei 単位で表します。

● v，r，および s の属性は，デジタル署名とトランザクションの署名に関連します。

外部アカウントが別の外部アカウントに Ether を送金するイーサリアムの典型的なトランザクションを以下に示します。input フィールドがここで使用されていないことに注目してください。2つの Ether が送金されるため，value フィールドには以下のスクリーンショットに示すように wei の値が表示されます。

```
{ blockHash: '0x78ddc6d1d18a52811888dea659a69f35f424aa0ec48562b956d3524e80fcf893',
  blockNumber: 105,
  from: '0xa57de277ede9c1521f51f6989ed2497a5b9c1926',
  gas: 90000,
  gasPrice: BigNumber { s: 1, e: 10, c: [ 18000000000 ] },
  hash: '0x93768f05999d54edde1982f82150b429b3cba0014233defab34701e6b6a7ec87',
  input: '0x',
  nonce: 2,
  to: '0x9d2a327b320da739ed6b0da33c3809946cc8cf6a',
  transactionIndex: 0,
  value: BigNumber { s: 1, e: 18, c: [ 20000 ] },
  v: '0x41',
  r: '0x9efb14382840ab5fcdf2d33f32638e895beb9cee35d4d79675c183c7fddef8f5',
  s: '0x658bac95226e3a8a90d497ce8c841e0833c01b5a2567bb8c2aa126ba95e1fbd2' }
```

外部アカウントから外部アカウントに Ether を送信する方法の1つは，web3 JavaScript フレームワーク（第2章 p.41 参照）を使用して次のコードスニペット[6]に示されています。

```
web.eth.sendTransaction({from: web.eth.accounts[0], to:
"0x9d2a327b320da739ed6b0da33c3809946cc8cf6a", value: web.
toWei(2,'ether')})
```

コントラクトをデプロイするイーサリアムの典型的なトランザクションを，次のスクリーンショットに示します。コントラクトのバイトコードを含む入力フィールドに注目してください。

---

6 訳注：コードスニペットとは，プログラムの一部のことをいいます。一般的にスニペットとは「断片」や「切れ端」を意味します。

```
{ blockHash: '0x041cdd69390b130e0b54c53f2afb46d79a06708dcf8414aa1ba4bbb40a2786b7',
  blockNumber: 6,
  from: '0xa57de277ede9c1521f51f6989ed2497a5b9c1926',
  gas: 1000000,
  gasPrice: BigNumber { s: 1, e: 10, c: [ 18000000000 ] },
  hash: '0x6f5a74e5191f745d0e38fa67841ba6b36cf03a7c0fd7729ef355fe77c86487a2',
  input: '0x6060604052341561000f57600080fd5b6102c38061001e6000396000f300606060405260043610061004b5763ffffffff7c0100
561005b57600080fd5b61006361012d565b604051600208082528190810183818151815260200191508051906020019080838360005b8381101
0191505b5092505050604051809103906f35b34156100e557600080fd5b61012b600460248135818101908301358060020601f82018190048102
51561010000203166002900480601f016020809104026020016040519081016040528092919081815260200182805460018160011615610100000
0190602001808311611e101ae57829003601f168201915b5050505050905005b90565b60008180516101e992916020019061011ff565b5050565b60
1024057805160ff19168380011785556010026d565b8280016001018555821561026d579182015b8281111561026d578251825591602001919062
77752e38ed74bb682568cb64c68f24734ab95e18740deee526b95eff79e40029',
  nonce: 0,
  to: null,
  transactionIndex: 0,
  value: BigNumber { s: 1, e: 0, c: [ 0 ] },
  v: '0x42',
  r: '0x29887013743c6fc9a4bb78c6d3ca2974eac6f41b21d2d0bb6fdfe09b71202602',
  s: '0xaaa9366553495c9c81ecb9806d0cdcb4e0ed5d688797be099978e260ae53e34' }
```

ブロック

　ブロックはイーサリアムの重要な概念です。ブロックはトランザクションの入れ物であり，複数のトランザクションが含まれています。各ブロックに格納されているトランザクション数は，Gas Limitとブロックサイズによって異なります。Gas Limitについては次節でも説明します。ブロック同士が連鎖してブロックチェーンを形成します。各ブロックには親ブロックがあり，その親ブロックのハッシュ値をヘッダに格納します。ジェネシスブロックとして知られる最初のブロックだけが親をもちません。

　以下にイーサリアムの典型的なブロックを示します。

```
{ difficulty: BigNumber { s: 1, e: 5, c: [ 135070 ] },
  extraData: '0xd78301070284676574688576f312e398777696e646f6f7773',
  gasLimit: 4011042861,
  gasUsed: 43406,
  hash: '0xba93a91df520c7565e80347346e47b83a41d473a33352d1cf7e689c30b305ba5',
  logsBloom: '0x000000000000000000000000000000000000000000000000000000000000000000000000000000000000000000000
0000000000000000000000000000000000000000000000000000000000000000000000000000000000000000000000000000000000000
0000000000000000000000000000000000000',
  miner: '0xa57de277ede9c1521f51f6989ed2497a5b9c1926',
  mixHash: '0x4e80de770c329aebbc2e9e861190784f57b7f9910bbb049534828052284f32e4',
  nonce: '0x655dee191333922c',
  number: 70,
  parentHash: '0x27d3dbc34614f88583f29ea1b7546e83563e55638b1d0a258de04f4912f42aaf',
  receiptsRoot: '0x5dff465dd85c4ad02c71ec4099284ecaf91ed9bb600f7903978386059c16fb8d',
  sha3Uncles: '0x1dcc4de8dec75d7aab85b567b6ccd41ad312451b948a7413f0a142fd40d49347',
  size: 742,
  stateRoot: '0xb15363a8958d218eff295b5e877517ee4243f1b681d987793c5ec30a04bc4592',
  timestamp: 1511421241,
  totalDifficulty: BigNumber { s: 1, e: 6, c: [ 9302609 ] },
  transactions:
   [ '0x6b65b86462e6aa89d5f9469ce03b9ea21e8bf72f8c11aa72de2978f9b7a5b9fd' ],
  transactionsRoot: '0x5aceca068d1a7ac8d8ecd8f19469ec7c687cb6ceed54e0db39b58dfdf6481de9',
  uncles: [] }
```

　ブロックに関連する多くの属性があり，それに関する洞察とメタデータを提供します。以下に，

重要な属性のいくつかを示します。

- difficulty属性は，マイナーが解いたパズルの難易度を表わします。
- gasLimit属性は，許容される最大Gas量を決定します。これにより，トランザクションをいくつブロックに含めることができるかが判断されます。
- gasUsed属性は，このブロック内のすべてのトランザクションを実行するためにこのブロックに使用される実際のGasを表します。
- hash属性は，ブロックのハッシュ値を表します。
- nonce属性は，マイナーがパズルを解いた回答の数字です。
- miner属性は，マイナーのアカウントIDです。コインベースまたはイーサベース（etherbase）とも呼ばれます。
- number属性は，チェーン上のこのブロックの連番です。
- parentHash属性は，親ブロックのハッシュ値を表します。
- receiptsRoot，stateRoot，およびtransactionsRoot属性は，マイニングによって計算されたマークルツリーを表します。
- transactions属性は，このブロックに格納されているトランザクションのハッシュ値を表します。
- totalDifficulty属性はチェーンの全体的な難易度を表します。

エンドトゥエンドのトランザクション

　ブロックチェーンとイーサリアムの基礎概念について述べてきました。次に，完全なエンドトゥエンドのトランザクションと，それが台帳にどのように書き込まれるかを見ていきましょう。

　例えば，サムがデジタル資産（例えばドル）をマークに送りたいとき，サムは送り元，宛先，金額のフィールドをトランザクションに設定し，イーサリアムのネットワークを通して送信します。トランザクションは台帳に即時に書き込まれず，トランザクションプールに蓄積されます。

　マイニングノードは新しいブロックを作り，Gas Limitを超えないようにプールからトランザクションを抽出し，ブロックに追加します。すべてのネットワーク上のマイナーによってこの処理は実行されます。サムのトランザクションもこの中で処理されます。

　マイナーはパズルを解こうとします。勝者となるのは，最初にパズルを解くことができたマイナーです。マイナーの1人がパズルを解いたことを宣言して数秒後に，チェーンにブロックを書き込みます。勝者は新しいブロックとパズルの回答を他のマイナーたちに送信します。残りのマイナーたちは回答が正しいことを検証します。一度回答が正しいと認められたら，マイナーたちはサムのトランザクションを台帳に受け入れます。これによりチェーン上に新しいブロックが作られ，時間や空間を超えて持続します。この検証を通して，各アカウントは新しい残高で更新さ

れます。

　最終的に，ブロックはネットワークのすべてのノードで複製されます（図参照）。

コントラクトとは何か

　コントラクト（契約）とは，2者以上の間で取引を今すぐ，または将来実行することを約束させる法的な書類です。法律に基づいて作られ，法的な効力をもちます。契約の例としては，保険会社との保険契約，土地の購入，株式の売買などがあります。

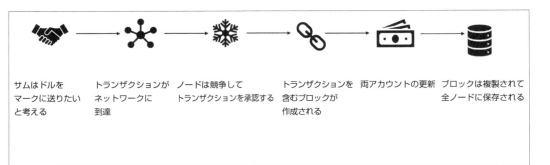

スマートコントラクトとは何か

　スマートコントラクトはロジックが定義されており，EVM上でデプロイ，実行されます。デジタル化されたうえでアカウント間の取引がコードで定義されています。また，スマートコントラクトは個々のトランザクションによって，デジタル資産をアカウント間で取引することに役立ちます。スマートコントラクトはデータを蓄積することができ，事実や関係性，残高など，現実世界の契約ロジックを実装するために必要な情報を記録することができます。また，スマートコントラクトはオブジェクト指向のクラスにとてもよく似ており，オブジェクト指向で他のクラスのオブジェクトを生成・利用できるように，スマートコントラクトも他のスマートコントラクトを呼び出すことができます。つまり，スマートコントラクトは関数からなる小さなプログラムだと考えてみましょう。コントラクトのロジックを実行することで，インスタンスを生成したり，コントラクトのデータを見たり更新したりすることができます。

スマートコントラクトの書き方

　Visual Studioなど既存の有名なツールでスマートコントラクトを書くことは可能です。しかし，最も簡単かつ最速の開発方法は，ブラウザベースのツールとして有名なRemix（http://

remix.ethereum.org.）を利用することです。

　Remix は新しくつけられた名前で，以前は browser-solidity として知られていました。ブラウザ上でリッチな統合開発環境が実現でき，Solidity 言語を用いて，編集，開発，デプロイ，トラブルシューティングなどコントラクトの管理が可能です。これらは他のウィンドウやタブに移動することなく同じ画面から実行できます。

　スマートコントラクトを記述するときに，オンラインバージョンの Remix を使うことが常に望ましいというわけではありません。Remix は https://github.com/ethereum/browser-Solidity からダウンロードできるオープンソースツールで，コンパイルすればローカルのコンピュータで好きなバージョンを動かすことができます。

　Remix をローカル環境で動かす利点として，ローカルのプライベートチェーンに直接接続することが可能である点が挙げられます。ローカル環境で動かさない場合，ユーザは最初にオンラインでコントラクトを作成し，ファイルにコピーし，コンパイルして，プライベートネットワークに手動でデプロイする必要があります。

　次のステップで Remix を動かしてみましょう。

1. remix.ethereum.org のサイトをブラウザで開くと，次のスクリーンショットのようにデフォルトのコントラクトを見ることができます。もしこのコントラクトが不要なら削除しましょう。

```solidity
pragma solidity ^0.4.0;
contract Ballot {

    struct Voter {
        uint weight;
        bool voted;
        uint8 vote;
        address delegate;
    }
    struct Proposal {
        uint voteCount;
    }

    address chairperson;
    mapping(address => Voter) voters;
    Proposal[] proposals;

    /// Create a new ballot with $(_numProposals) different proposals.
    function Ballot(uint8 _numProposals) public {
        chairperson = msg.sender;
        voters[chairperson].weight = 1;
        proposals.length = _numProposals;
    }

    /// Give $(toVoter) the right to vote on this ballot.
    /// May only be called by $(chairperson).
    function giveRightToVote(address toVoter) public {
        if (msg.sender != chairperson || voters[toVoter].voted) return;
        voters[toVoter].weight = 1;
    }
```

[2] only remix transactions, script ▾ 　 Q Search transactions 　 ☐ Listen on network

2. 新しいコントラクトを作成するためにRemixの左メニューバーから＋を選択しましょう。

3. .sol拡張子で新しいSolidityファイルに名前をつけましょう。HelloWorldとコントラクトに名付け，OKをクリックして次のスクリーンショットのように続けましょう。これによって何も書かれていないコントラクトが作成されます。

4. 次のコードを編集パネル上に書いて初めてのコントラクトを作成してみましょう。このコントラクトの意味は3章で詳しく解説します。今のところはグローバル状態変数と関数を宣言できること，.sol拡張子でコントラクトが保存されることだけをキーワードとして理解すれば十分です。次のコードスニペットにおいて，HelloWorldコントラクトがGetHelloWorld関数を呼んだらHelloWorld文字列を返却します[7]。

```
pragma Solidity ^0.4.18;
contract HelloWorld
{
    string private stateVariable = "Hello World";
    function GetHelloWorld() public view returns (string)
{
    return stateVariable;
}
}
```

Remixの右側のアクションウィンドウを見てみてください。Complie, Run, Settings, Debugger, Analysis, Supportの複数タブがあります。これらのアクションタブは，コンパイル，デプロイ，トラブルシューティングとコントラクトの呼び出しに役立ちます。

Compileタブは，コントラクトをイーサリアムが理解できるようにバイトコードにコンパイルします。コントラクトの作成と編集時に警告とエラーが表示されます。これらの警告とエラーは重要であり，堅牢なコントラクトを作成するために非常に役立ちます。

Runタブはコントラクトを書くとき以外では最も時間を使う場所です。Remixには

ブラウザ内で実行できるイーサリアム実行環境があります。Environmentオプションで JavaScript VM を指定することで，コントラクトをこのランタイム VM にデプロイできます。

　Injected Web3 環境は Mist や MetaMask といったツールと一緒に使いますが，これらは2章で説明します。Web3 Provider は Remix をローカル環境のプライベートネットワークに接続するときに利用します。この章はデフォルトの JavaScript VM で進めます。残りのオプションは3章で説明します。

5. 重要なアクションであるコントラクトのデプロイです。次のスクリーンショットのように，Create ボタンをクリックすることでコントラクトをデプロイできます。

```
pragma solidity ^0.4.18;

contract HelloWorld
{
    string private stateVariable = "Hello World";

    function GetHelloWorld() public view returns (string){
        return stateVariable;
    }
}
```

6. Create ボタンをクリックしてブラウザのイーサリアム実行環境にコントラクトをデプロイします。これにより，コントラクト内で使用可能なすべての機能が Create ボタンの下に一覧表示されます。GetHelloWorld という単一の関数しかないので，次のスクリーンショットと同じものが表示されるはずです。

7. GetHelloWorld ボタンをクリックして，関数を呼び出します。次のスクリーンショッ

トのように，Remixの下のパネルには実行結果が表示されます。

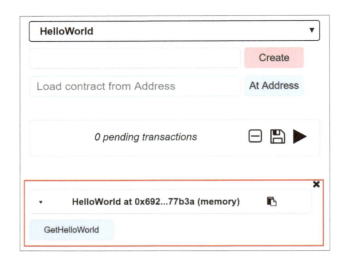

おめでとうございます。初めてのコントラクトを作成して，関数が実行できました。なお，HelloWorldコントラクトのコードはこの章に添付されているものを使えば，タイピングせずにそのままRemixで使えます。

コントラクトのデプロイ方法

Remixはコントラクトのデプロイを簡単にします。しかし裏側では多くのステップを実行しています。デプロイする処理を理解することで，コントラクトのデプロイをより細かく制御できるようになります。

最初のステップはコントラクトのコンパイルです。コンパイルはSolidityコンパイラを使って行われます。次の章では，Solidityコンパイラをダウンロードし，コンパイルする方法を説明します。コンパイラは次の2つを生み出します。

- ABI定義
- コントラクトのバイトコード

Application Binary Interface（ABI）はすべてのexternal，public可視性である関数についてのインタフェースであり，関数定義とパラメータ，戻り値の型で構成されています。ABIはコントラクトを定義しており，ABIを用いて誰でもコントラクトの関数を呼び出せます。

バイトコードはコントラクトを表現しており，イーサリアムにデプロイされます。バイトコードはデプロイ時に求められ，ABIはコントラクトの関数を実行する時に必要とされます。コントラクトの新しいインスタンスはABI定義を用いて作成されます。

コントラクトのデプロイはトランザクションで実行されます。トランザクションはイーサリアム上にコントラクトをデプロイするために生成されます。バイトコードとABIはコントラクトのデプロイに必要な入力です。すべてのトランザクションはイーサリアムにおいてはGasコストがかかるため，コントラクトのデプロイには適切な量のGasが必要になります。トランザクションがマイニングされると，コントラクトはコントラクトアドレスを通して実行可能になります。

新しく生成されたアドレスを利用すると，コントラクト内の関数を呼び出すことができます。

まとめ

1章では，ブロックチェーン，特にイーサリアムについて概要を述べました。ブロックチェーンとイーサリアムがどのように動いているかを理解することで，セキュアかつコスト効率が良いスマートコントラクトをSolidityで書くことへの一歩を踏み出すことができます。ブロックチェーンは何か，なぜブロックチェーンが重要なのか，また，非中央集権的なアプリケーションを開発することにどう役立つのかについても説明しました。

イーサリアムのアーキテクチャについては，トランザクション，ブロック，Gas，Ether，アカウント，暗号，マイニングなどの重要な概念とともに簡単に説明しました。また，スマートコントラクトのトピックについても簡単に触れました。スマートコントラクトを作成・実行するためにRemixを使用する方法についても触れました。

以後の章ではSolidityベースのスマートコントラクトを迅速に開発できるように，これらの概念についてより詳しく説明します。

1章では，イーサリアムのツールや実際の利用については言及していません。2章では，イーサリアムとそのツール群に直接触れてインストールする方法について説明します。イーサリアム・エコシステムはかなり豊富で，多くのツールがあります。web3.js，TestRPC，Geth，Mist，MetaMaskなど重要なツールについて説明していきます。

第2章 イーサリアム, solidityのインストール

1章では, ブロックチェーンに関連する主要な概念, 特にイーサリアムに関連する概念に焦点を当て, 一般的なブロックチェーンの基本動作について説明しました。イーサリアムベースのブロックチェーンは, パブリックネットワーク, テストネットワーク, プライベートネットワークなどのさまざまなネットワークとして構築することが可能です。

本章ではイーサリアムベースのアプリケーション構築に必要なツール, ユーティリティソフトの紹介, デプロイに焦点を当てます。イーサリアムのエコシステムにおいてはさまざまなツールが存在していますが, 特に重要かつ必要なツールについて見ていきます。

紹介するツールはAzureクラウド上のWindows Server 2016にデプロイしますが, LinuxやMacなどのような仮想マシンや物理コンピュータでもデプロイが可能です。

本書において, Windows Server 2016をSolidityコントラクトのテスト, デプロイのための開発環境として使用します。

本章で扱う内容
- ●イーサリアムネットワークの紹介
- ●Gethのインストールと設定
- ●プライベートネットワークの作成
- ●TestRPCのインストールと設定
- ●Solidity compiler—solcのインストール
- ●web3 frameworkのインストール
- ●Mist
- ●Metamask

27

イーサリアムネットワーク

　イーサリアムは分散されたアプリケーション開発やデプロイのためのオープンソースプラットフォームです。イーサリアムは相互に接続された多数のコンピュータ（ノードとも呼ばれます）によってバックアップされており，分散台帳にデータを蓄積します。ここでいう分散台帳とは，台帳のコピーがネットワークのすべてのノードで利用可能であることを意味しています。分散台帳により，開発者は柔軟にさまざまな種類のアプリケーションをデプロイできるようになります。開発者は，要件やユースケースに基づいて，適切なネットワークを選択する必要があります。また，これらの異なるネットワークは，実際にEtherなどのコストをかけることなく，ネットワーク上にスマートコントラクトをデプロイすることに役立ちます。ネットワークによってはコストがかからないものもあれば，使用に際してEtherなどの通貨で支払う必要があるものもあります。

メインネットワーク

　イーサリアムのメインネットワークは，誰もが使えるグローバルなパブリックネットワークです。アカウントを使用してアクセスでき，誰でもアカウントを作成し，スマートコントラクトをデプロイすることができます。メインネットワークを使用するには，Gasと呼ばれる費用が発生します。

　メインネットワークはHomesteadと呼ばれています。以前のバージョンではFrontierと呼ばれていました[1]。これはインターネット経由でアクセス可能な公開されたチェーンであり，誰でもそのサイトに接続し，そこに格納されているデータとトランザクションの両方にアクセスできます。

テストネットワーク

　テストネットワークはメインネットワークのレプリカであり，イーサリアムブロックチェーンの導入や採用を容易にするためにあります。これらのネットワークを使用しても，コントラクトのデプロイや利用には何の費用もかかりません。完全に無料で使えるネットワークです。なぜなら，テスト用のEtherがfaucet[2]によって無料で生成され，ネットワーク上で通貨として使われているからです。本書の執筆時点で，Ropsten，Kovan，Rinkebyなど利用可能な複数のテストネットワークがあります。

---

1 訳注：イーサリアムはバージョン毎に名前を変えており，Homestead以降，4370000ブロック以降はByzantium，7280000ブロック以降はConstantinopleなど異なる名称でネットワークが形成されています。
2 訳注：依頼することによってEtherを取得できるアプリケーションです。

Ropsten

　Ropstenは最初のテストネットワークの1つであり，PoW（プルーフ・オブ・ワーク）コンセンサス方式を使用してブロックを生成します。以前はMordenという名前で知られていました。前述の通り，完全に無料で使用することができ，スマートコントラクトの構築およびテストで使用することができます。Gethで--testnetオプションによってこのネットワークを使用できますが，Gethについては次節で詳しく説明します。テストネットの中でRopstenは最も有名です[3]。

Rinkeby

　Rinkebyは，コンセンサスアルゴリズムとしてPoA（プルーフ・オブ・オーソリティ）を使用するイーサリアムベースのテストネットワークです。

　PoWとPoAは，異なる仕組みをもつコンセンサスアルゴリズムです。PoWは，データの改ざん不可能性と分散化を維持するのに堅牢な一方，マイナーをコントロールできないという特徴がありますが，PoAは，マイナーをよりコントロールできる状況においては，PoWの利点を備えています。

Kovan

　Kovanのテストネットワークは，Parityクライアントでのみ使用可能なため，本書では取り扱いません。詳細は，https://kovan-testnet.github.io/website/ にて知ることが可能です。

プライベートネットワーク

　プライベートネットワークは，プライベートなインフラ環境で作成，ホストされるネットワークであり，単一の組織がすべてを管理・コントロールしています。仮にテスト目的でもパブリックなネットワークに見せたくないアプリケーション，コントラクト，ユースケースがある時，開発，テスト，および運用環境にプライベートチェーンを使用するニーズがあるのです。

　自身でプライベートネットワークを作成，ホストすることで，プライベートネットワークを完全に制御できます。この章では，独自のプライベートネットワークを作成する方法を説明します。

コンソーシアムネットワーク

　コンソーシアムネットワークもプライベートネットワークですが，違いがあります。それは，それぞれが異なる組織によって管理されるノードを含んでいることです。実際には，どの組織もデータとチェーンをコントロールできる権限をもっていません。ただし，データやチェーンは参加している組織間で共有され，これらの組織に所属している人はすべて，現在の状態を確認，変

---

3 訳注：原著執筆時点において。

更できます。コンソーシアムネットワークは，インターネットから，またはVPNを使用した完全にプライベートなネットワークからアクセスできます。

Geth

イーサリアムのノードやクライアントは，Go，C++，Python，JavaScript，Java，Rubyなどのさまざまな言語によって実装されています。これらのクライアントの機能や使い勝手は，言語によって異なるので，開発者は最も使い勝手の良い実装を選択する必要があります。本書では，Gethとして知られているGo実装を使用しています。Gethはイーサリアムのクライアントとして動作し，パブリックネットワークやテストネットワークに接続します。プライベートネットワーク用のマイニングノードやEVM実行環境としても使用されます。Gethは，ノードやプライベートチェーン上のマイニングノードとして動作する，Goで書かれたコマンドラインツールです。Windows，Linux，Macにインストールすることもできます。

それでは，実際にGethをインストールしていきましょう。

Gethをwindowsにインストールする

イーサリアムのプライベートネットワークを作るための最初のステップとして，Geth（go-ethereum）をダウンロードして，インストールします。Windows上へのGethのダウンロード，インストールのステップは以下のようになります。

1. Geth は https://ethereum.github.io/go-ethereum/downloads/ からダウンロードすることができます。32ビット，64ビットマシンのいずれも利用可能です。本書では，すべてにおいてAzure上のWindows Server 2016を使用してます。
2. ダウンロード後，exeファイルを実行してインストール処理を開始し，デフォルトに同意し，手順に従います。開発環境に推奨されているため開発ツールをインストールしてください。
3. Gethがインストールされたら，コマンドプロンプトまたはPowerShellから利用可能です。
4. コマンドプロンプトを開き，geth -helpと入力します。

gethと入力して実行すると，パブリックなメインネットワークと接続され，すべてのブロックやトランザクションの同期とダウンロードが開始されます。

現在のチェーンには30GBを超えるデータがあります[4]。helpコマンドでは，Gethで利用可能なすべてのコマンドとオプションを表示します。次のスクリーンショットに示すように，現在のバージョンも表示されます。

```
Administrator: Command Prompt
Microsoft Windows [Version 10.0.14393]
(c) 2016 Microsoft Corporation. All rights reserved.

C:\Users\citynextadmin>geth help
NAME:
   geth - the go-ethereum command line interface

   Copyright 2013-2017 The go-ethereum Authors

USAGE:
   geth [options] command [command options] [arguments...]

VERSION:
   1.7.2-stable-1db4ecdc

COMMANDS:
   account      Manage accounts
   attach       Start an interactive JavaScript environment (connect to node)
   bug          opens a window to report a bug on the geth repo
   console      Start an interactive JavaScript environment
   copydb       Create a local chain from a target chaindata folder
   dump         Dump a specific block from storage
   dumpconfig   Show configuration values
   export       Export blockchain into file
   import       Import a blockchain file
   init         Bootstrap and initialize a new genesis block
   js           Execute the specified JavaScript files
   license      Display license information
   makecache    Generate ethash verification cache (for testing)
   makedag      Generate ethash mining DAG (for testing)
   monitor      Monitor and visualize node metrics
   removedb     Remove blockchain and state databases
   version      Print version numbers
   wallet       Manage Ethereum presale wallets
   help, h      Shows a list of commands or help for one command
```

　GethはJSON RPCプロトコルに基づいています。JSON RPCプロトコルは，JSON形式でエンコードされたペイロードを使用するリモートプロシージャコールの仕様として定義されています。Gethは，次の3つの異なるプロトコルを使用してJSON RPCへの接続を許可します。

- **Inter Process Communication（IPC）**：一般に同じコンピュータ内で使用されるプロセス間通信に使用されます。
- **Remote Procedure Calls（RPC）**：コンピュータ間のプロセス間通信に使用されます。

---

4 訳注：原著執筆時点。

これは，一般にTCPとHTTPプロトコルに基づいています。

●**Web Sockets（WS）**：ソケットを使用してGethに接続するために使用されます。

Gethの設定用には，多くのコマンド，スイッチ，オプションがあります。設定内容としては，以下が含まれています。

●IPC，RPC，WSプロトコルの設定

●プライベート，Ropsten，Rinkebyなどの接続するネットワーク種別の設定

●マイニングオプション

●コンソールとAPIオプション

●ネットワークオプション

●デバッグ，ロギングオプション

プライベートネットワークを作成するのに重要なオプションについては，次節で説明します。

Gethは，オプションなしで実行するだけで，パブリックネットワークに接続することができます。Homesteadはイーサリアムの現在のパブリックなメインネットワーク名で，次のスクリーンショットに示すように，networkidとChainIDは1です。

```
C:\Users\citynextadmin>Geth
WARN [11-13|07:53:00] No etherbase set and no accounts found as default
INFO [11-13|07:53:01] Starting peer-to-peer node               instance=Geth/v1.7.2-stable-1db4ecdc/windows-amd64/go1.9
INFO [11-13|07:53:01] Allocated cache and file handles         database=C:\\Users\\citynextadmin\\AppData\\Roaming\\Ethe
reum\\geth\\chaindata cache=128 handles=1024
INFO [11-13|07:53:01] Initialised chain configuration          config="{ChainID: 1 Homestead: 1150000 DAO: 1920000 DAOSu
pport: true EIP150: 2463000 EIP155: 2675000 EIP158: 2675000 Byzantium: 4370000 Engine: ethash}"
INFO [11-13|07:53:01] Disk storage enabled for ethash caches   dir=C:\\Users\\citynextadmin\\AppData\\Roaming\\Ethereum\
\geth\\ethash count=3
INFO [11-13|07:53:01] Disk storage enabled for ethash DAGs     dir=C:\\Users\\citynextadmin\\AppData\\Ethash
           count=2
INFO [11-13|07:53:02] Initialising Ethereum protocol           versions="[63 62]" network=1
INFO [11-13|07:53:02] Loaded most recent local header          number=0 hash=d4e567…cb8fa3 td=17179869184
INFO [11-13|07:53:02] Loaded most recent local full block      number=0 hash=d4e567…cb8fa3 td=17179869184
INFO [11-13|07:53:02] Loaded most recent local fast block      number=0 hash=d4e567…cb8fa3 td=17179869184
INFO [11-13|07:53:02] Loaded local transaction journal         transactions=0 dropped=0
INFO [11-13|07:53:02] Regenerated local transaction journal    transactions=0 accounts=0
INFO [11-13|07:53:02] Starting P2P networking
```

それぞれのネットワークに接続するために使用されるネットワークIDは次のとおりです。

●chain ID 1はHomesteadパブリックネットワークを表します。

●chain ID 2はMordenを表します（現在は使われていません）。

●chain ID 3はRopstenを表します。

●chain ID 4はRinkebyを表します。

●chain ID 4より大きな数字はプライベートネットワークを表します。

Gethは，Ropstenネットワークに接続するための--testnetオプションと，Rinkebyオプションに接続する--rinkebyオプションを提供しています。これらは，networkidコマンドオプションと組み合わせて使用する必要があります。

プライベートネットワークの作成

　Geth をインストール後，インターネット上のどのネットワークにも接続せずにローカルで実行するように設定することができます。すべてのチェーンとネットワークにはジェネシスブロック（最初のブロック）があります。このブロックは親ブロックをもたず，チェーンの最初のブロックです。ジェネシスブロックを作成するには genesis.json ファイルが必要です。サンプルの genesis.json ファイルを次のコードスニペットに示します。

```
{
"config": {
"chainId": 15,
"homesteadBlock": 0,
"eip155Block": 0,
"eip158Block": 0
},
"nonce": "0x0000000000000042",
"mixhash":
"0x0000000000000000000000000000000000000000000000000000000000000000",
"difficulty": "0x200",
"alloc": {},
"coinbase": "0x0000000000000000000000000000000000000000",
"timestamp": "0x00",
"parentHash":
"0x0000000000000000000000000000000000000000000000000000000000000000",
"gasLimit": "0xffffffff",
"alloc": {
}
}
```

プライベートネットワークを作成するためのステップを見ていきましょう。

1. genesis.json ファイルが Geth に渡され，プライベートネットワークが初期化されます。また，Geth ノードはブロックチェーンのデータとアカウントキーを格納する必要があります。この情報は，プライベートネットワークを初期化する際に Geth にも提供される必要があります。

2. 次の geth init コマンドは，genesis.json ファイルと対象とするデータディレクトリ

の場所を使用してノードを初期化し，チェーンデータとキーストア情報を格納します。

  C:\Windows\system32>geth init "C:\myeth\genesis.json" --datadir "C:\myeth\chaindata"

このコマンドによって次の結果が出力されます。

3. このスクリーンショットに示すように，Gethノードをジェネシスブロックで初期化した後，Gethを開始することができます。GethはデフォルトでIPCプロトコルを使用し，有効になります。RPCプロトコルを使用してGethノードに到達できるようにするには，RPCオプションを明示的に提供する必要があります。

4. Gethノードとして環境を設定するには，次のコマンドラインを実行します。

  geth --datadir "C:\myeth\chaindata" --rpc --rpcapi "eth,web3,miner, admin,personal,net" --rpccorsdomain "*" --nodiscover --networkid 15

このコマンドによって次の結果が出力されます。

上記コマンド実行時に，多くの重要なアクティビティが発生しています。このコマンドはdatadirの情報を読み込み，RPCによる接続時にこのノードから公開されるAPI

第2章　イーサリアム，solidityのインストール

を有効にし，および15というnetworkidでプライベートネットワークを設定します。

このコマンドには有用な情報が含まれています。まず，etherbaseまたはcoinbaseは設定されていません。マイニングを開始する前には，coinbaseまたはetherbaseアカウントを作成して設定する必要があります。マイニングの自動開始はコマンドによって可能ですが，現時点では，このコマンド自体でマイニングは開始していません。

現在のデータベースの場所に関する情報が画面に表示されています。また，出力にはChainIDと，Homesteadパブリックネットワークに接続されているかどうかが表示されています。値が0の場合，Homesteadネットワークに接続されていないことを意味します。

出力には，ネットワーク上のノード識別子であるenode値も含まれます。より多くのノードがこのネットワークに参加したい場合，このチェーンとネットワークに参加するためにこのenode値を提供する必要があります。

最後に，IPCとRPCの両方のプロトコルが稼働しており，要求を受け入れていることが示されています。

RPCエンドポイントは，http://127.0.0.1:8545かもしくはhttp://localhost:8545にあり，IPCは\\.\pipe\geth.ipcにあります。以下のコマンドラインを見てみましょう。

```
geth --datadir "C:\myeth\chaindata" --rpc --rpcapi "eth,web3,mi
ner,admin,personal,net" --rpccorsdomain "*" --nodiscover
--networkid 15
```

5. 上記のコマンドを実行すると，プライベートなイーサリアムノードが起動して実行されます。コマンドがサービスとして実行されることに気づいたでしょうか。追加のコマンドは，このコマンドウィンドウを介して実行することはできません。既存の実行中のGethノードを管理するには，別のコマンドウィンドウを同じコンピュータで開き，IPCプロトコルを使用して接続するためにGeth attach ipc：\\.\pipe\geth.ipcコマンドを入力します。実行結果は以下に示すようになります。

```
C:\Users\citynextadmin>geth attach
Fatal: Unable to attach to remote geth: no known transport for URL scheme "c"

C:\Users\citynextadmin>geth attach ipc:\\.\pipe\geth.ipc
Welcome to the Geth JavaScript console!

instance: Geth/v1.8.1-stable-1e67410e/windows-amd64/go1.9.2
 modules: admin:1.0 debug:1.0 eth:1.0 miner:1.0 net:1.0 personal:1.0 rpc:1.0 txpool:1.0 web3:1.0
```

6. RPC エンドポイントを介してプライベートな Geth のインスタンスに接続するには，Geth attach rpc:http://localhost:8545 コマンドまたは，Geth attach rpc:http://127.0.0.1:8545 コマンドを使用することで ethereum のローカル実行環境に接続できます。ここに示したものとは異なる出力が表示される場合，coinbase アカウントがすでに設定されています。coinbase アカウントの追加については，この節の後半で説明します。

7. エンドポイントがホストされるデフォルトの RPC ポートは 8545 となっており，Geth のコマンドラインオプションで -rpcport を使うことで変更ができます。IP アドレスについては -rpcaddr を使うことで変更が可能です。

```
Administrator: Command Prompt - geth  attach rpc:http://127.0.0.1:8545

C:\Users\citynextadmin>geth attach rpc:http://127.0.0.1:8545
Welcome to the Geth JavaScript console!

instance: Geth/v1.7.2-stable-1db4ecdc/windows-amd64/go1.9
coinbase: 0x3d878119b2cda3b8cab055861713cd100efbe71c
at block: 148 (Sun, 12 Nov 2017 09:23:42 GMT)
 datadir: C:\myeth\chaindata
 modules: admin:1.0 eth:1.0 miner:1.0 net:1.0 personal:1.0 rpc:1.0 web3:1.0

> _
```

8. Geth のノードに接続した後は，etherbase または coinbase のアカウントをセットアップします。まずはアカウントを作成する必要があります。アカウントを作成するには，personal オブジェクトの newAccount メソッドを使用します。新しいアカウントを作成する際には，アカウントのパスワードのように機能するパスフレーズを入力します。この実行の出力は，次のスクリーンショットに示すアカウント ID です。

```
> personal.newAccount()
Passphrase:
Repeat passphrase:
"0xe14d4d757d493d300b11de058f7cba464c0effc8"
```

9. 割り当てられたアカウント ID は，coinbase または etherbase アカウントとしてタグ付けする必要があります。これを行うには，setEtherBase 関数を使用して coinbase の address.miner オブジェクトを変更する必要があります。このメソッドは，現在の coinbase を指定されたアカウントに変更します。次のスクリーンショットに示すように，コマンドの実行結果は true または false で返されます。

36　　第2章　イーサリアム，solidity のインストール

```
> miner.setEtherbase("0xe14d4d757d493d300b11de058f7cba464c0effc8")
true
>
```

10. 次のコマンドを実行して，現在のcoinbaseアカウントを見つけるために次のクエリを実行します．

    eth.coinbase

    次のスクリーンショットに示すように，最近作成された同じアカウントアドレスを出力する必要があります．

```
> eth.coinbase
"0xe14d4d757d493d300b11de058f7cba464c0effc8"
>
```

有効なアカウントとGethノードが設定されたcoinbaseを使用すると，マイニングが開始され，1人のマイナーしかいないので，すべての報酬はそのマイナーに渡り，そのcoinbaseアカウントにはEtherが入金されます．

11. マイニングを開始するには，以下のコマンドを実行します

    miner.start()

    もしくは，以下のコマンドでも実行が可能です．

    miner.start(4)

    前述のコマンドの出力結果は，以下のようになります．

```
> miner.start(4)
null
>
```

startメソッドのパラメータはマイニングに使用するスレッド数を表しています．これにより，マイニングが開始され，元のコマンドウィンドウにも同じ結果が表示されます．

12. マイニングを停止するには，2つ目のコマンドウィンドウからminer.stop()コマンドを実行します．

ganache-cli

イーサリアムを使用する台帳への変更やトランザクションの書き込みには，次の2つの異なるフェーズがあります。

- 第1ステップは，トランザクションを作成し，トランザクションプールに入れることです。
- 第2ステップは，すべてのトランザクションをトランザクションプールから取得しそれらをマイニングすることであり，これは定期的に実行されます。ここでのマイニングとは，これらの取引をイーサリアムのデータベース（台帳）に書き込むことを意味します。

開発とテスト時にもこれらと同一の処理を実行するのには時間がかかります。イーサリアムのアプリケーションとスマートコントラクトの開発，およびテストの処理を容易にするために，ganache-cliが作成されました。ganache-cliは，以前はTestRPCとして知られていました。ganache-cli自体には，イーサリアムトランザクション処理とマイニング機能の両方が含まれています。また，マイニングの待ち時間はなく，トランザクションが生成されるとすぐに台帳に書き込まれます。すなわち開発者は，イーサリアムノードとしてganache-cliを使用できることができ，トランザクションを台帳に書き込むためのマイニングは必要ありません。その代わりに，トランザクションは開発者が作成した台帳に蓄積されます。

ganache-cliはNode.jsに依存しており，ganache-cliをデプロイする前にNode.jsがマシン上で利用可能でなければなりません。Node.jsがインストールされていない場合，https://nodejs.org/en/download/からダウンロードできます。

次のスクリーンショットに示すように，プロセッサ仕様（32または64ビット）とオペレーティングシステムに基づいて，適切なパッケージをダウンロードしてインストールできます。

ここでは，MSI Windows インストーラの64ビットバージョンをダウンロードし，それを使用して**ノードパッケージマネージャ（NPM）**と**Node.js**の両方をインストールしています。

次のスクリーンショットに示すように，Node.jsのバージョンはv8.9.1です。

```
C:\Users\citynextadmin>node --version
v8.9.1

C:\Users\citynextadmin>
```

また，npmバージョンは5.5.1です。

```
C:\Users\citynextadmin>npm --version
5.5.1

C:\Users\citynextadmin>
```

ganache-cliは，次のnpm installコマンドを使用してインストールできます。

```
npm install -g ganache-cli
```

上記コマンドの実行結果は以下のようになります。

ganache-cliのインストール後，イーサリアムノードは次のコマンドを使って起動できます。

ganache-cli

上記のコマンドを実行した結果，次のスクリーンショットに示すように，プライベートネットワークで使用するための100Etherをもつ10個のアカウントがデフォルトで作成されます。

次のスクリーンショットのように，別のコマンドウィンドウをGethのコマンドラインとともに使用して，それにアタッチすることができます。

```
Administrator: Command Prompt - geth  attach rpc:http://127.0.0.1:8545

C:\Users\citynextadmin>geth attach rpc:http://127.0.0.1:8545
Welcome to the Geth JavaScript console!

instance: Geth/v1.7.2-stable-1db4ecdc/windows-amd64/go1.9
coinbase: 0x3d878119b2cda3b8cab055861713cd100efbe71c
at block: 148 (Sun, 12 Nov 2017 09:23:42 GMT)
 datadir: C:\myeth\chaindata
 modules: admin:1.0 eth:1.0 miner:1.0 net:1.0 personal:1.0 rpc:1.0 web3:1.0

>
```

Solidityコンパイラ

　Solidityは，スマートコントラクトを作成するために使用される言語の1つです。スマートコントラクトについては，次章で詳しく扱います。

　Solidityを使用して記述されたコードは，Solidityコンパイラを通してコンパイルされ，コンパイル後にスマートコントラクトのデプロイに必要なバイトコードやその他の要素を出力します。以前は，SolidityはGethのインストール時に一部に含まれていましたが，Gethから切り出されたため，個別にインストールしてデプロイする必要があります。Solidityコンパイラはsolcとしても知られており，npmを使ってインストールが可能です。

```
    npm install -g solc
```

　上記コマンドを実行すると，以下の出力結果を得ます。

```
C:\Users\citynextadmin>npm install -g solc
C:\Users\citynextadmin\AppData\Roaming\npm\solcjs -> C:\Users\citynextadmin\AppData\Roaming\npm\node_modules\solc\solcjs
+ solc@0.4.18
added 65 packages in 17.147s

C:\Users\citynextadmin>
```

web3 JavaScriptライブラリ

　web3ライブラリは，オープンソースのJavaScriptライブラリで，ローカルまたはリモートコンピュータからイーサリアムノードに接続するために使用され，IPCとRPCがイーサリアムノードに接続可能にする役割を担います。

　web3はクライアントサイドのライブラリで，Webページと実行クエリを併せて使用することができ，イーサリアムノードにトランザクションを送信することができます。ノードパッケージマネージャを利用することで，Solidityコンパイラと同様にノードモジュールとしてインストー

ルできます。

執筆時点では，web3の最新バージョンには不具合があり，BigNumber.jsファイルがないため適切にインストールされません。しかし，古いバージョンの安定版であれば，Webアプリケーションをバックエンドのイーサリアムノードに接続するのに使えます。web3 JavaScriptライブラリをインストールするため，以下の手順を見てみましょう。

1. web3をインストールするのには，以下のコマンドを使用します。

```
npm install web3@0.19
```

上記コマンドを実行すると，以下の出力結果を得ます。

```
C:\Users\citynextadmin>npm install web3@0.19
npm WARN saveError ENOENT: no such file or directory, open 'C:\Users\citynextadmin\package.json'
npm WARN enoent ENOENT: no such file or directory, open 'C:\Users\citynextadmin\package.json'
npm WARN citynextadmin No description
npm WARN citynextadmin No repository field.
npm WARN citynextadmin No README data
npm WARN citynextadmin No license field.

+ web3@0.19.1
updated 1 package in 2.681s

C:\Users\citynextadmin>_
```

2. web3はインストール後，Node.jsの実行環境下で使用できます。次のスクリーンショットに示すように，コマンドプロンプトでnodeコマンドを実行してNode.jsの実行環境を起動します。

```
C:\Users\citynextadmin>node
>_
```

3. Node.jsの実行環境に入ったら，次のコマンドを入力してイーサリアムノードに接続します。イーサリアムノードは，TestRPCまたはカスタムのGethベースのプライベートネットワークである可能性があります。web3はWebソケット，IPC，またはRPCを使用してイーサリアムノードに接続できます。次の例は，Web3をイーサリアムノードに接続するために使用されるRPCエンドポイントプロトコルを示しています。

```
var Web = require('web3')
var web = new Web (new Web.providers.HttpProvider('http://
localhost:8545'))
```

最初のコマンドはweb3モジュールを読み込み，2番目のコマンドはHttpProviderのインスタンスを作成し，ポート8545のローカルホストのイーサリアムノードに接続することを表しています。

4. web3が実際にイーサリアムノードに接続されていることを確認するには，isConnectedメソッドを実行します。次のスクリーンショットに示すように，

42　　　第2章　イーサリアム，solidityのインストール

isConnected()の実行結果がtrueであれば，web3に接続されています。

```
Administrator: Command Prompt - node
Microsoft Windows [Version 10.0.14393]
(c) 2016 Microsoft Corporation. All rights reserved.

C:\Users\citynextadmin>node
> var Web = require('web3')
undefined
> var web = new Web (new Web.providers.HttpProvider('http://localhost:8545'))
undefined
> web.isConnected()
true
>
```

Mistウォレット[5]

イーサリアムは，暗号通貨のEtherを支える技術として機能しますが，Etherを送ったり受け取ったりするためにはウォレットが必要です。MistはEtherを送受信するために使われるウォレットです。イーサリアムネットワーク上でトランザクションを実行するのに役立ちます。ネットワークはパブリックでもプライベートでも接続できます。ユーザはアカウントの作成，Etherの送受信，コントラクトのデプロイと呼び出しを行うことができます。

Mistはhttps://github.com/ethereum/mist/releasesからダウンロードできます。適切なZIPファイルをダウンロードし，展開してください（この例では，Windows 2016上に展開しているので，Ethereum-Wallet-win64-0-9-2.zipです）。次のスクリーンショットに示すように，展開されたファイルからEthereum Walletアプリケーションをダブルクリックします。

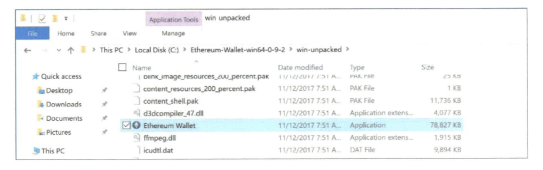

これによってMistが起動します。Mistは優れたウォレットで，プライベートチェーンがローカルマシン上で実行されている場合は，プライベートチェーンを識別して接続し，ローカルネッ

---

5 訳注：開発者が2019年3月に投稿したブログによれば，今後はMist Walletの積極的なサポートは行わず，Ethereum foundation内でEthereum関連のアプリケーションのUI/UXの改善に注力していくと宣言しています。

トワークが動作していない場合は，メインネットワークまたはRinkebyテストネットワークに接続します．

プライベートネットワークが利用可能な場合，次のスクリーンショットに示すように，プライベートネットワークへ接続されます．

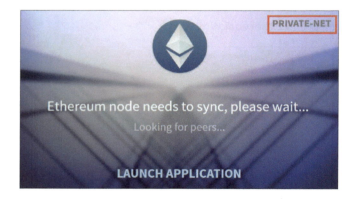

接続されると，Etherを送受信し，スマートコントラクトの機能をデプロイして呼び出すことで，イーサリアムネットワークと対話することができます．

MetaMask

　MetaMaskは，イーサリアムネットワークとのやり取りを手助けする軽量なChromeブラウザベースの拡張機能で，Etherの受け渡しに使えるウォレットでもあります。MetaMaskはhttps://metamask.io/からダウンロードすることが可能です。MetaMaskはブラウザで動作するため，チェーンデータ全体をローカルでダウンロードすることはありません。ブラウザを使用してストアに接続するのに役立ちます。以下の手順を見てみましょう。

1. 次のスクリーンショットに示すように，MetaMaskを拡張機能として追加する必要があります。

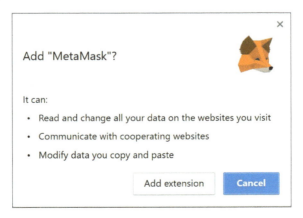

2. プライバシーに関する通知と利用規約に同意すると，移動ボタンの横に小さいアイコンが表示されます。MetaMaskを使用すると，複数のネットワークに接続することができます。次のスクリーンショットに示すように，Localhost 8545でプライベートネットワークに接続します。

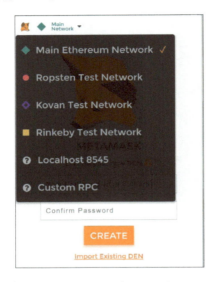

3. MetaMaskがユーザを識別するために使用する新しいキーを作成するためのパスワードを入力します。これは，次のスクリーンショットに示すように，MetaMaskのサーバにある鍵の保管庫に格納されます。

4. Accontアイコンをクリックし，MetaMaskの「Import Account」メニューを使用して，すでに作成されたアカウントをすべてインポートします。

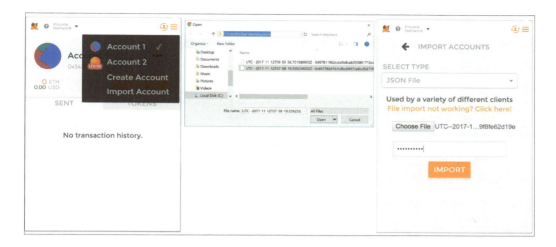

5. すべてのアカウントが作成された後，MetaMaskを使用して，1つのアカウントから別のアカウントにEtherを転送することができます。
6. あるアカウントから別のアカウントにEtherを送信するには，アカウントを選択してSendボタンをクリックします。画面遷移後のウィンドウで，ターゲットアカウントのアドレスと金額を入力し，Nextボタンをクリックします。

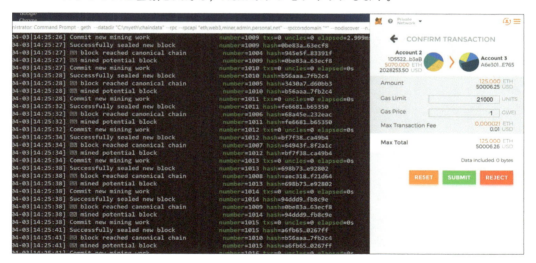

7. 「SUBMIT」ボタンを押してトランザクションを送信します。トランザクションは，トランザクションプール内で保留状態になります。マイニングは，この取引を永続的に保存するためストレージに書き込むように開始されます。
8. Gethコンソールを使用してマイニングを開始すると，次のスクリーンショットのようにトランザクションがマイニングされます。

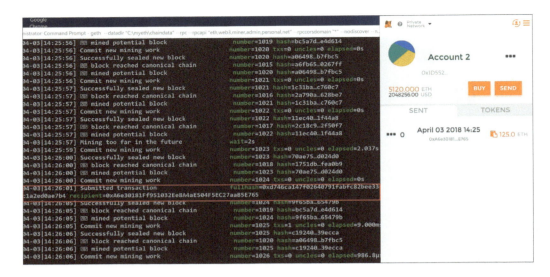

トランザクションが台帳に書き込まれ，両方のアカウントの残高がMetaMaskで更新されます。

まとめ

2章では，イーサリアムの開発に必要なツールを多数取り扱いました。

イーサリアムノードは，WebSocket，IPC，およびRPCを使用して接続できるJSON RPCエンドポイントを備えています。また，パブリック，メイン，テスト，プライベートのさまざまな

ネットワークについて，実装を含めて解説しました。後半の章で使用される開発環境を作成する手順についても述べています。

　次に，Windows OS に Geth，Solidity コンパイラ，ganache-cli，web3 JavaScript フレームワーク，Mist，MetaMask をデプロイする方法について解説しました。各ツールには独自の動作と機能がありますが，結果的に同様の機能を有することもあります。たとえば，Geth ベースのプライベートチェーンと ganache-cli は，違いはあるものの本質的にイーサリアムノードであり，読者の中には，ganache-cli を使おうと思う人もいれば，Geth ベースのイーサリアム専用ノードを使いたい方もいると思います。また，Truffle として知られているもう 1 つの重要なユーティリティがあり，これについては後の章で説明します。

　次の 3 章では，Solidity についてプログラミング言語の観点から解説していきます。Solidity はオブジェクト指向をサポートし，ネイティブデータ型と複雑なデータ型の両方を提供しており，パラメータと戻り値を受け入れ，関数の宣言と定義に役立ち，制御構造と式を提供しています。変数とデータ型はどのプログラミング言語にとっても重要ですが，分散台帳内に同じ変数を格納する必要がある Solidity においても重要です。この点についても 3 章で解説していきます。

第3章

Solidity入門

　この章からは，Solidity言語について学んでいきましょう。

　1章と2章では，ブロックチェーンとイーサリアム，およびそれらを扱うためのツールを紹介してきました。また，Solidityについてのより良い理解と効率的なコードを書くために不可欠な，ブロックチェーンに関する重要な概念についても取り上げてきました。EVMを対象とする言語はたくさんありますが，非推奨のもの，ニッチに受け入れられているものなどさまざまです。SolidityはEVMで使用されている中で最も人気のある言語です。この章からは，Solidityとその概念だけでなく，優れたスマートコントラクト開発に役立つ内容についても解説します。

　本章では，Solidityとその構造，データ型，変数について，下記のトピックごとに分けて解説していきます。

本章で扱う内容	● SolidityとSolidityファイル
	● コントラクトの構造
	● Solidityで使われるデータ型
	● ストレージとメモリデータ
	● リテラル（Literals）
	● 整数型（Integer）
	● 論理型（Boolean）
	● バイト型（byte）
	● 配列（Arrays）
	● 配列の構造
	● 列挙型（Enumeration）
	● アドレス
	● Mapping

Ethereum Virtual Machine

SolidityはEthereum Virtual Machine（EVM）で動作するプログラミング言語です。スマートコントラクトと呼ばれるコードを記述し実行することで，イーサリアムブロックチェーンの機能を拡張することができます。以降の章でスマートコントラクトの詳細について説明しますが，スマートコントラクトはJavaやC++で記述されたオブジェクト指向のクラスと似ています。

EVMはスマートコントラクトと呼ばれるコードを実行します。スマートコントラクトはSolidityで記述されますが，EVMはSolidityの複雑な構造を解釈することができず，低レベルなバイトコードで命令を行う必要があります。

そのため，EVMが理解できるバイトコードへ変換するためのコンパイラが必要になります。SolidityにはSolidityコンパイラやsolcと呼ばれるコンパイラが用意されており，Node.jsのnpmコマンドを使用したダウンロードおよびインストール方法は前章（p.39参照）で述べています。

Solidityコードの記述からEVM上での実行までの全体像を下図に示します。

すでに前章で，`HelloWorld`コントラクトを作成しながら最初のSolidityコードに触れています。

SolidityとSolidityファイル

SolidityはJavaScriptに非常に似ているプログラミング言語で，JavaScriptとC言語の特徴が含まれています。Solidityは静的型付け言語で，大文字と小文字を区別する**オブジェクト指向プログラミング（OOP）**ですが，オブジェクト指向の機能は限定されており，変数のデータ型はコンパイル時に定義する必要があります。関数と変数はOOPの場合と同様の方法で記述できます。Solidityでは，CatやCAT，cat，その他バリエーションのcatはすべて別物として区別され，文末にはセミコロン；を記述する必要があります。

Solidityコードは.sol拡張子のSolidityファイルに記載します。メモ帳など任意のエディタでテキストファイルとして開くことができる，人間が読めるテキストファイルです。Solidityファイルは以下の4つで構成されます。

- ● Pragma
- ● Comments
- ● Import
- ● Contracts/library/interface

Pragma

Pragma は Solidity ファイルの最初の行に記載されることが多く，Solidity ファイルに使用されるコンパイラのバージョンを指定します。

Solidity は新しい言語であり，今も継続的に改善されています。新しい機能の追加や改善が行われるたびに，新バージョンがリリースされていきます。執筆当時のバージョンは0.4.19でした。

pragma宣言によって，自分で選んだコンパイラのバージョンを使ってコードを記述することが可能になります。下記に記載例を示します[1]。

```
pragma Solidity ^0.4.19;
```

必須ではありませんが，pragma宣言を Solidity ファイルの先頭行に記述するべきです。pragma宣言の構文は以下の通りです[2]。

```
pragma Solidity <<version number>> ;
```

また，宣言時に大文字と小文字の区別に関しても注意が必要です。pragma と solidity は両方小文字で，バージョン番号が有効であること，文末にはセミコロンが必要であることを忘れないようにしてください。

バージョン番号は，**メジャービルド番号**と**マイナービルド番号**の2つで構成されています。上記の例では，メジャービルド番号は4で，マイナービルド番号は19になります。一般的に，マイナーバージョンでは大きな変更はほとんどありませんが，メジャーバージョンの変更では劇的な変更が発生する可能性があります。要件に合ったバージョン番号を選択してください。

^文字は**キャレット**とも呼ばれ，バージョン番号につけてもつけなくてもかまいませんが，次のルールに基づいてバージョン番号を決定する際に重要な役割を果たしています。

- ● ^文字はメジャーバージョンの最新を表します。したがって，^0.4.0はメジャービルド番号4の中で，執筆時点における最新である0.4.19を参照します。
- ● ^文字は指定されたメジャービルドとは別のメジャービルドを対象に含めません。
- ● Solidity ファイルはメジャービルド番号が4のコンパイラのみコンパイル可能です。他のメジャービルドではコンパイルされません。

できる限り，^文字を使用するのではなく，厳密にコンパイラバージョンを指定して Solidity

---

1 訳注：原文誤記のため，「Solidity」から「solidity」へ修正する必要があります。
2 訳注：1と同じく原文誤記のため，「Solidity」から「solidity」へ修正する必要があります。

コードをコンパイルするのが望ましいでしょう。新しいバージョンでは，pragmaに^文字を使用することを非推奨にする変更があります。また，例えば，新しいバージョンでthrow文が非推奨となり，代わりにassert，require，およびrevertなどの新しい構文を推奨する変更がありました。コードがある日突然異なる動作をするような状況は好ましくありません。

コメント

どのようなプログラミング言語でも，コードにコメントをつける機能があり，Solidityにも同様に存在します。Solidityには，コメント記法として次の3種類が用意されています。
- ●単一行コメント
- ●複数行コメント
- ●Ethereum Natural Specification（Natspec）

単一行のコメントは二重のスラッシュ // で書くことができ，複数行のコメントは /* と */ を使って表現されます。Natspecには2つの書式があります。単一行の場合は /// を使用し，複数行の場合は /** で始まり */ で終わる組み合わせが使用されます。Netspecはドキュメント化を目的に使用されており，独自の仕様が含まれています。仕様の詳細はhttps://github.com/ethereum/wiki/wiki/Ethereum-Natural-Specification-Format. に記載されています。

次のコードでSolidityのコメント記法を見てみましょう。

```
// This is a single-line comment in Solidity
/* This is a multiline comment
In Solidity. Use this when multiple consecutive lines
Should be commented as a whole */
```

Remixにおいて，pragma宣言とコメントは以下のようになります。

```
« ±   browser/PragmaAndComments.sol ✕
1
2
3
4    pragma solidity 0.4.19;
5
6    // This is a single line comment in Solidity
7
8 ▾ /* This is a multi-line comment
9        In solidity. Use this when multiple consecutive lines
10   Should be commented as a whole */
11
12
13   |
```

54　　第3章　Solidity入門

インポート文

import キーワードは他の Solidity ファイルを利用可能にし，現在の Solidity ファイルから外部の Solidity コードへアクセスすることができるようになります。これにより，部品的に Solidity コードを記載することが可能になります。

import を使用する構文は以下の通りです。

```
import <<filename>> ;
```

ファイル名は明示的または暗黙的なパスとなり得ます。フォワードスラッシュ / は，他のディレクトリやファイルからディレクトリを分離するために使用されます。. は現在のディレクトリを参照するために使用され，.. は親ディレクトリを参照するために使用されます。これは，ファイルを参照する Linux の bash と非常によく似た記法です。典型的な import 文を以下に示します。また，次のコードでは，文末をセミコロンに書き留めています。

```
import 'CommonLibrary.sol';
```

コントラクト

pragma, import, コメント以外にも，グローバルレベルまたはトップレベルで contract, library, および interface を定義することができます。ここからは，コントラクト，ライブラリ，およびインタフェースについて詳しく説明します。複数のコントラクト，ライブラリ，およびインタフェースを同じ Solidity ファイル内で宣言できることの理解を前提として説明していきます。次のスクリーンショットに示されている library, contract, および interface に続くキーワードは，常に大文字小文字を区別しています。

```solidity
//contracts.sol

pragma solidity 0.4.19;

// This is a single line comment in Solidity

/* This is a multi-line comment
    In solidity. Use this when multiple consecutive lines
Should be commented as a whole */

contract firstContract {

}

contract secondContract {

}

library stringLibrary {

}

library mathLibrary {

}

interface IBank{

}

interface IAccount {

}
```

コントラクトの構造

　Solidityの主な目的は，イーサリアムのスマートコントラクトを記述することです。スマートコントラクトは，EVMへデプロイおよび実行される基本単位になります。本書の後半の章では，スマートコントラクトの開発と書き方に焦点を当てていますが，スマートコントラクトの基本的な構造についてはこの章で説明します。

　技術的には，スマートコントラクトは変数と関数の2つで構成されています。変数と関数には多面性があり，本書を通して詳しく見ていきます。本節では，Solidity言語を使用するスマートコントラクトの一般的な構造について説明します。

　コントラクトは，以下の複数の要素で構成されます。

　　　●状態変数（State variables）
　　　●構造体の定義
　　　●修飾子（Modifier）の定義
　　　●イベントの宣言
　　　●列挙型（Enumeration）の定義
　　　●関数定義

次のスクリーンショットでは，各要素がそれぞれ複数の他の構成要素から成り立つことを意識して見てください。各構成要素について詳しく説明していきます。

```solidity
pragma solidity 0.4.19;

//contract definition
contract generalStructure {
    //state variables
    int public stateIntVariable; // vriable of integer type
    string stateStringVariable; //variable of string type
    address personIdentifier; // variable of address type
    myStruct human; // variable of structure type
    bool constant hasIncome = true; //variable of constant nature

    //structure definition
    struct myStruct {
        string name; //variable fo type string
        uint myAge; // variable of unsigned integer type
        bool isMarried; // variable of boolean type
        uint[] bankAccountsNumbers; // variable - dynamic array of unsigned integer
    }

    //modifier declaration
    modifier onlyBy(){
        if (msg.sender == personIdentifier) {
            _;
        }
    }

    // event declaration
    event ageRead(address, int );

    //enumeration declaration
    enum gender {male, female}

    //function definition
    function getAge (address _personIdentifier) onlyBy() payable external returns (uint) {

        human =  myStruct("Ritesh",10,true,new uint[](3)); //using struct myStruct

        gender _gender = gender.male; //using enum

        ageRead(personIdentifier, stateIntVariable);
    }
}
```

状態変数（state variables）

プログラミングにおける変数は，値を格納する記憶領域を意味しています。値は実行時に変更することができます。また，変数はコード内の複数の場所で使用することができ，格納された値を参照します。Solidityには，状態変数とメモリ変数と呼ばれる2種類の変数が用意されており，本節では状態変数を紹介していきます。

状態変数は，Solidityコントラクトで最も重要な要素の1つです。状態変数は，マイナーによってブロックチェーン／イーサリアムの台帳へ永久に保存されます。どの関数内でもない領域に宣言された変数は状態変数と呼ばれます。状態変数には，コントラクトでの現在の値が格納されます。状態変数には静的にメモリが割り当てられ，コントラクトの有効期間中は割り当てられたメモリのサイズを変更できません。各状態変数は型をもち，静的に定義しなければいけません。Solidityコンパイラは，各状態変数のメモリ割り当ての状況を把握していなければならないため，状態変数のデータ型を宣言する必要があります。

状態変数は修飾子と合わせて使用されます。以下の修飾子を利用することができます。

- internal：状態変数は何も指定されていない場合，デフォルトではinternal修飾子をとります。internal修飾子をもつ変数は，宣言されたコントラクト内の関数と，その継承コントラクト内でのみ使用できます。internalな変数は外部からの更新アクセスを許しませんが，参照することはできます。internalな状態変数の例は次のとおりです。

```
int internal StateVariable ;
```

- private：この修飾子はinternalに似ており，さらに厳しい制約をもちます。privateな状態変数は，宣言されたコントラクトでのみ使用できます。継承したコントラクト内でも使用することはできません。privateな状態変数の例は，次のとおりです。

```
int private privateStateVariable ;
```

- public：この修飾子は，状態変数に直接アクセスすることを許します。Solidityコンパイラは，publicな状態変数に対応するgetter関数を生成します。publicな状態変数の例は次のとおりです。

```
int public stateIntVariable ;
```

- constant：この修飾子は状態変数を不変にします。宣言時に変数へ値を代入しておく必要があります。実際には，コンパイラはコードとして宣言されたすべての変数の参照を，割り当てられた値に置き換えます。constantな状態変数の例は，次のとおりです。

```
bool constant hasIncome = true;
```

前述のように，各状態変数にはデータ型が割り当てられています。データ型は変数の必要なメモリを決定し，変数に格納できる値を特定する場合に便利です。たとえば，uint8型の状態変数は，符号なし整数とも呼ばれ，所定のメモリサイズが割り当てられ，0 〜 255の範囲の値を格納できます。その他の値はすべて不適切とみなされ，その変数に値が格納されることをコンパイラやランタイムは受け付けません。

Solidityは，以下の複数のユニークなデータ型を提供しています。

- 論理型（bool）
- 整数型（uint/int）
- バイト配列型（bytes）
- アドレス型（address）
- マッピング（mapping）
- 列挙型（enum）
- 構造体（struct）
- 動的サイズのバイト配列型（bytes/String）

列挙型や構造体を使用することで，独自にデータ型を定義し宣言することができます。この章の後半では，データ型と変数について紹介していきます。

構造体（struct）

　構造体（struct）によって，独自のユーザ定義データ型を実装することができます。構造体は複合データ型で，異なるデータ型をもつ複数の変数から構成されています。コントラクトと非常に似ていますが，構造体にはコードが含まれておらず，変数のみで構成されます。

　関連するデータをまとめて保存したい場合を考えてみましょう。たとえば，従業員の名前，年齢，婚姻状態，銀行口座番号など，従業員に関する情報を保管したいとします。これを表現するために，Solidityの構造体はstructキーワードを使用して，それぞれの変数を1人の従業員へ関連づけます。構造体内の変数は，次のスクリーンショットに示すように，{}内に定義されています。

```
//structure definition
struct myStruct {
    string name; //variable fo type string
    uint myAge; // variable of unsigned integer type
    bool isMarried; // variable of boolean type
    uint[] bankAccountsNumbers; // variable - dynamic array of unsigned integer
}
```

　構造体のインスタンスを生成するには，次の構文が使用されます。newキーワードを明示的に使用する必要はありません。newキーワードは，次のスクリーンショットに示すように，コントラクトまたは配列のインスタンスを生成する場合でのみ使用されます。

```
human = myStruct("Ritesh",10,true,new uint[](3)); //using struct myStruct
```

　関数内にstructの複数インスタンスを生成できます。構造体には配列とmappingを含めることができ，一方でmappingと配列にはstruct型の値を格納できます。

修飾子（modifier）

　Solidityにおいて，修飾子は常に関数と紐づいています。プログラミング言語における修飾子とは，実行コードの動作を変更する構文を意味します。修飾子は関数に結びついているため，紐づけられた関数の動作を変更することができます。修飾子を簡単に表現するならば，対象の関数が実行される前に呼び出される関数だと考えてください。仮にgetAge関数を呼び出すとき，実行前にコントラクトの現在の状態や入力パラメータの値，状態変数の現在の値などをチェックできる別の関数を実行したい場合，修飾子によってバリデーションや検証する規約をシンプルに記述することができます。さらに，修飾子は複数の関数に関連づけることが可能です。これにより，きれいで，読みやすく，保守しやすいコードとなります。

　修飾子はmodifierキーワードによって定義され，modifier識別子と必要なパラメータ，{}内のコードによって構成されています。修飾子の中にあるアンダースコア _ は，対象の関数が

59

実行することを意味します。これはアンダースコアが対象の関数によってインラインで置き換えられていると考えることができます。payableは，Solidityによってはじめから提供されている修飾子で，ある関数に適用されたとき，その関数はEtherを受け入れ可能になります。

modifierキーワードは，以下に示すようにコントラクトレベルで宣言されます。

```
//modifier declaration
modifier onlyBy(){
    if (msg.sender == personIdentifier) {
        _;
    }
}
```

　ご覧のとおり，前のスクリーンショットのコードスニペットでは，コントラクトレベルでonlyBy()という名前のmodifierが宣言されています。これは，状態変数に格納されたmsg.senderのアドレスを使用して，引数のアドレス値をチェックします。msg.senderなどは，本書で未解説のため理解が難しいかもしれませんが，次の章で詳しく説明していきますのでご安心ください。

　修飾子は，以下に示すようにgetAge関数に関連づけられています。

```
//function definition
function getAge (address _personIdentifier) onlyBy() payable external returns (uint) {

    human =  myStruct("Ritesh",10,true,new uint[](3)); //using struct myStruct

    gender _gender = gender.male; //using enum
}
```

　getAge関数は，コントラクトの_personIdentifierという状態変数に格納されているアドレスと同じアドレスをもつアカウントでのみ実行可能です。他のアカウントが呼び出そうとした場合，その関数は実行されません。

　誰でもgetAge関数を呼び出すことはできますが，実行できるアカウントは1つのみであることに注意してください。

イベント

　Solidityはイベントをサポートしています。Solidityにおけるイベントは，他のプログラミング言語で使用されるイベントの考え方とまったく同じです。イベントはコントラクトから発生し，誰かがイベントをキャッチすることで，それに応じてコードを実行できるような役割をもちます。SolidityのイベントはEVMのロギング機能を使用しており，主に呼び出し元のアプリケーションに対してコントラクトの現在の状態を通知するために使用されます。イベントはアプリケーションへコントラクトの変更を通知するために使用され，アプリケーションは依存関係のあるロジックを実行するためにイベントを利用できます。アプリケーションの代わりに，イベントは状

態変更がないかコントラクトへポーリングし続けており，コントラクトはイベントという手段によって，変更を通知することができます。

　イベントはグローバルレベルでコントラクトに宣言し，そのコントラクト内にある関数内で呼び出されます。イベントは，eventキーワードを使用して宣言され，識別子と引数を記述し，セミコロンで終了します。引数の値を使用して，情報を記録したり，条件付きロジックを実行することができます。イベント情報とその値は，ブロック内のトランザクションの一部として格納されます。前章では，トランザクションの属性について説明する中で，LogsBloomという名前の属性について紹介しました。トランザクションで発生したイベントは，この属性内に格納されます。

　明示的にパラメータ変数を指定する必要はありません。以下に示すようにデータ型だけで十分です。

```
// event declaration
event ageRead(address, int );
```

　以下に示すように，イベント名と適切な引数を渡すことで，任意の関数から呼び出すことができます。

```
//function definition
function getAge (address _personIdentifier) onlyBy() payable external returns (uint) {

    human =  myStruct("Ritesh",10,true,new uint[](3)); //using struct myStruct

    gender _gender = gender.male; //using enum

    ageRead(personIdentifier, stateIntVariable);
}
```

列挙型（enum）

　enumキーワードは列挙型を宣言するために使用されます。Solidityでは，列挙型によってユーザ定義のデータ型を宣言することができます。enumは名前のついた定数の列挙型リストで構成されます。

　Solidityでは列挙内の定数値を明示的に整数へ変換できます。各定数値は整数値をとり，最初の値は0の値をもち，連続する各項目の値は1ずつ増加します。

　列挙の識別子となるenumキーワードと {} 内の列挙値リストによって，enumは宣言されます。enum宣言では，文末にセミコロンがなく，少なくとも1つのメンバーがリストに宣言されている必要があることに注意してください。

　列挙型の例は次のとおりです。

```
enum gender {male, female}
```

変数の列挙型を宣言し，次のコードに示すように値を代入できます。

```
gender _gender = gender.male ;
```

Solidityコントラクトでは，列挙型を必ずしも定義する必要はありません。前に示した例のように，変更されない定数項目のリストが存在する場合には，列挙型を定義するべきです。enumの良い使用例であり，コードが読みやすく，メンテナンス性も高まります。

関数

関数は，イーサリアムとSolidityの中核です。イーサリアムは状態変数がもつ現在の状態を保持し，トランザクションにより状態変数の値が変更されます。コントラクトの関数が呼び出されると，トランザクションが生成されます。関数は状態変数から，あるいは状態変数に対して読み書きするための機能です。関数は，要求に応じて実行される単位のコードです。関数はパラメータを受け取り，ロジックを実行し，呼び出し元に値を返すことができます。関数は匿名で呼ばれることもあります。Solidityには，名前付きの関数に加えて，コントラクト内でfallback関数と呼ばれる無名の関数があります。fallback関数については第7章で詳しく説明します。

Solidityにおける関数宣言の構文は次の通りです。

```
//function definition
function getAge (address _personIdentifier) onlyBy() payable external returns (uint) {

}
```

関数はfunctionキーワードとそれに続く識別子（この場合だとgetAge）を使用して宣言されます。カンマ区切りで複数のパラメータを受け入れることもできます。パラメータ識別子はオプションですが，パラメータリストにデータタイプを指定する必要があります。この場合，関数にはonlyBy（）などの修飾子を付けることができます。

関数の振る舞いと実行に影響を与える2つの修飾子があります。関数は，可視性の修飾子と，その関数内でどのような処理が実行されるかに関連する修飾子をもっています。関数の可視性と実行能力に関するキーワードを以下に記します。関数はデータを返すこともでき，この情報はreturnキーワードを使って宣言され，返り値のパラメータが後に続いて記載されます。Solidityは複数のパラメータを返すことができます。

関数がもつ可視性修飾子は，状態変数の修飾子と似ています。関数の可視性は次のいずれかとなります。

- public：この可視性により，外部から関数への直接アクセスが可能になります。これらは，コントラクトインタフェースの一部となり，内部からも外部からも呼び出すことができます。
- internal：何も指定されていなければ，デフォルトで状態変数はinternal修飾子を

とります。これは，この関数が現在のコントラクトおよびそのコントラクトを継承する
コントラクト内でのみ使用できることを意味しています。これらの関数には外部からア
クセスすることはできません。これらはコントラクトインタフェースに含まれません。

●private：private関数は宣言されたコントラクト内でのみ使用できます。継承された
コントラクトでも使用することが許されません。これらはコントラクトインタフェース
に含まれません。

●external：この可視性により，関数は外部からの直接的なアクセスが可能になります。
これらの関数は，コントラクトインタフェースに含まれます。

また，関数はコントラクト内の状態変数を変更できますが，変更できないように次の修飾子を
追加することもできます。

●constant：定数関数。ブロックチェーンにおける状態を変更することができません。
状態変数を読み込んで呼び出し元に返すことはできますが，変数の変更，イベントの呼
び出し，別のコントラクトの作成，状態の変更が可能な他の関数の呼び出しなどはでき
ません。定数関数は，現在の状態変数の値を読み取り，返す関数と考えることができま
す。

●view：定数関数のエイリアス（別名）です。

●pure：純関数。純関数は，関数ができることをさらに狭めます。純関数は読み書きが
できません。つまり，状態変数へアクセスすることが認められていません。この修飾子
で宣言された関数は，現在の状態変数とトランザクション変数にアクセスしないように
する必要があります。

●payable：payableキーワードで宣言された関数は，呼び出し側からEtherを受け入れ
ることができます。Etherが呼び出し側から提供されない場合，実行は失敗します。
payableと記載されている場合のみEtherを受け付けることが可能です。

これらの修飾子については第7章で詳しく解説します。関数はその名前で呼び出すことができ
ます。

Solidityにおけるデータ型

Solidityのデータ型は，大きく2つのタイプに分類されます。

●値型

●参照型

これら2つのタイプは，変数の代入とEVMに格納される方法が異なります。ある変数から別
の変数へ値を代入するとき，参照をコピーして新たな値を作り出しています。値型は独立して変
数のコピーを保持しており，ある変数の値を変更しても別の変数の値には影響しません。しかし，

参照型の変数を変更すると，その変数を参照している値も更新されます。

値型
　データ（値）が所有しているメモリ内にデータ（値）を直接保持している場合，値型と呼ばれます。これらは他の場所の情報ではなく，値自体が格納されています。次の図でも同様です。この例では，データ型符号なし整数（uint）の変数は，そのデータ（値）として13で宣言されています。変数aにはEVMによって割り当てられたメモリ空間があり，0x123と呼ばれ，この場所には値13が格納されています。この変数にアクセスすると，値13が直接与えられます。

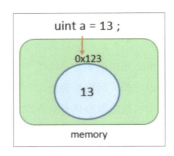

　値型は，32バイトを超えるメモリサイズになることはありません。Solidityでは次の値型を提供します。

- `bool`：trueまたはfalseを保持できる真偽値
- `uint`：0と正の値のみを保持できる符号なし整数
- `int`：負の値と正の値の両方を保持できる符号付き整数
- `address`：イーサリアム環境上のアカウントにおけるアドレス
- `byte`：固定サイズのバイト配列（1～32バイト）
- `enum`：定義済みの定数値を保持する列挙型

値渡し
　値型の変数が別の変数に割り当てられる場合，または値型の変数が関数の引数として渡された場合，EVMは新しい変数インスタンスを作成し，元の値型の値を対象の変数にコピーします。これは値渡しと呼ばれます。元の変数や受け渡された変数を変更しても，もう一方の値には影響しません。両者は独立した値を保持しており，片方の変更に影響を受けることはありません。

参照型
　参照型は値型と異なり，変数が直接値を保持していません。値の代わりに，値が格納されている場所のメモリアドレスが格納されています。変数は，実際のデータを保持する別のメモリへの

ポインタを保持しています。参照型は32バイト以上のメモリを使用できます。以下に参照型の例を図で示します。

　図では，uint型の配列変数がサイズ6で宣言されています。Solidityでは配列が0から始まるため，この配列には7つの要素が格納できます。変数aにはEVMによって割り当てられたメモリ空間があり，0x123と呼ばれていて，この場所にはポインタ値の0x456が格納されています。このポインタは，配列データが格納されている実際のメモリ位置を参照しています。変数にアクセスすると，EVMはポインタの値を逆参照し，次の図に示すように配列インデックスから値を表示します。

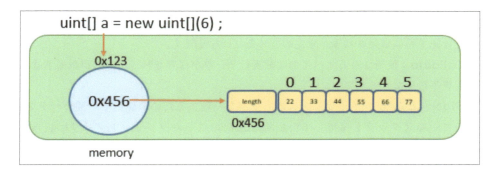

Solidityでは次の参照型を提供しています。

- **Arrays**：固定配列，可変配列の両方を意味します。詳細はこの章の後半で説明します。
- **Structs**：独自のユーザ定義構造体です。
- **String**：一連の文字を表します[1]。Solidityでは，文字列は最終的にバイトとして格納されます。詳細はこの章の後半で説明します。
- **Mappings**：ハッシュテーブルや辞書型に似ており，他の言語で使用されているキーバリューペアに相当します。

参照渡し

　参照型変数が別の変数に割り当てられている場合，または参照型変数が関数の引数として渡された場合，EVMは新しい変数インスタンスを作成し，元の変数から対象の変数にポインタをコピーします[2]。これは参照渡しと呼ばれます。両者は同じアドレスの場所を指しています。元の

---

1 訳注：原著ではstring型を参照型として分類していますが，翻訳時点においては公式リファレンスには参照型に分類されておらず（https://solidity.readthedocs.io/en/v0.4.19/types.html#reference-types），またコードの振る舞いとしてオブジェクトの代入時に値型としての振る舞いを見せる場合があります。
2 訳注：ただし，参照型の状態変数が関数内で別の変数に割り当てられる場合，後述のルールに従い，新しい値としてコピーが作成される場合があります。

変数または対象の変数の値を変更すると，もう一方の値も変更されてしまいます。両者は同じ値を共有し，一方がコミットした変更は他方の変数に反映されます。

ストレージとメモリデータ

コントラクト内で宣言し使用される変数にはそれぞれデータの保管場所があります。EVMは変数を格納するためのデータ構造を4つ提供しています。

- **Storage**：コントラクト内のすべての関数で使用できるグローバルメモリです。イーサリアムがすべてのノードに保存する永続ストレージになります。
- **Memory**：コントラクト内のすべての関数で使用できるローカルメモリです。関数の実行完了時に破棄される，限定的なメモリになります。
- **Calldata**：使用されるすべての関数実行データが保存され，関数の引数も含まれます。変更不可能なメモリです。
- **Stack**：EVMは，イーサリアムの命令群を処理するための変数や中間データをロードしているスタックを保持しています。EVMのワーキングセットメモリに該当します。スタックはEVMの1024の深さがあり，それ以上の値を格納しようとすると例外が発生します。

変数の格納場所は次の2つの要素によって決まります。

- 変数宣言の場所
- 変数のデータ型

この2つの要素に基づき，変数データの格納場所を管理し決定するルールが存在します。ここではそのルールについて見ていきましょう。データの格納場所は，代入演算子の動作にも影響します。データの代入と格納場所は，そのルールに基づいて説明されます。

ルール1

状態変数として宣言された変数は，常にストレージデータとして格納されます。

ルール2

関数のパラメータとして宣言された変数は，常にメモリデータとして格納されます。

ルール3

関数内で宣言された変数は，通常メモリデータとして格納されます。ただし，以下の点に注意してください。

- 値型変数は関数内のメモリに存在し，参照型変数はストレージに存在します。

関数内で宣言された参照型変数はデフォルトでストレージに保存されることに注意してください。ただし，上書きすることは可能です。

- デフォルトの保存場所を上書きすることにより，参照型変数をメモリデータ上で管理することができます。参照型とは，配列，構造体，および文字列を指しています。
- 上書きされない限り，関数内で宣言される参照型は，常に状態変数を指しています。
- 関数内で宣言された値型変数は上書きされず，ストレージに格納することはできません。
- mappingは常にストレージで宣言されます。つまり，関数内で宣言することはできず，メモリ型となることはありません。しかし，関数内のmappingは，状態変数として宣言されたmappingを参照できます。

ルール4

呼び出し元から渡される関数の引数は，常に呼び出した先のデータに格納されます。

ルール5

ある状態変数から別の状態変数へ代入されると，常に新しい値としてコピーがつくられます。2つの値型であるstateVar1とstateVar2が宣言されています。getUInt関数内では，stateVar2からstateVar1へデータが渡されます。この段階では，両者の変数の値は40です。次の行では，stateVar2の値を50に変更し，stateVar1を返しています。戻り値は40で，各変数は以下に示すようにそれぞれ独立した値を保持しています。

```
pragma solidity 0.4.19;
contract DemoStoragetoStorageValueTypeAssignment {
    uint stateVar1 = 20;
    uint stateVar2 = 40;
    function getUInt() returns (uint)
    {
        stateVar1 = stateVar2;
        stateVar2 = 50;
        return stateVar1; // returns 40
    }
}
```

2つの配列型の状態変数stateArray1とstateArray2が宣言されています。getUInt関数内

では，stateArray2がstateArray1に代入されています。この段階では，両者の変数は同じ値です。次の行では，stateArray2の値を1つだけ5に変更し，stateArray1の配列から同じ位置に要素を戻します。戻り値は4で，各変数は以下に示すようにそれぞれ独立した値を保持しています。

```
pragma solidity 0.4.19;

contract DemoStoragetoStorageReferenceTypeAssignment {

    uint[2] stateArray1 = [uint(1), 2];

    uint[2] stateArray2 = [uint(3), 4];

    function getUInt() returns (uint)
    {
      stateArray1 = stateArray2;

      stateArray2[1] = 5;

      return stateArray1[1]; // returns 4

    }

}
```

ルール6

　あるストレージ変数へ，別のメモリ変数から代入される場合，常に新しい値としてコピーが作成されます。uint型のstateArrayである固定配列は状態変数として宣言されています。getUInt関数内で，uint型のlocalArrayの固定配列に配置されたローカルメモリが定義され初期化しています。次の行では，localArrayをstateArrayに代入しています。この段階では，両者の変数の値は同じです。次の行では，localArrayの値の1つを10に変更していて，stateArray1の配列から同じ位置に要素を戻します。戻り値は2で，各変数は以下に示すように独立した値を保持しています。

```solidity
pragma solidity 0.4.19;

contract DemoMemorytoStorageReferenceTypeAssignment {

    uint[2] stateArray ;
    function getUInt() returns (uint)
    {
      uint[2] memory localArray = [uint(1), 2];

      stateArray = localArray;

      localArray[1] = 10;

      return stateArray[1]; // returns 2

    }

}
```

　値型である stateVar は状態変数として宣言されており，20で初期化されています。getUint
関数内では，ローカル変数である localVar が40で宣言されています。次の行では，ローカル変
数の localVar から stateVar へ値が代入されています。この段階では，両者の変数の値は40です。
次の行では，localVar の値を50に変更し，stateVar を返しています。戻り値は40で，各変数
は以下に示すように独自の値を保持しています。

```solidity
pragma solidity 0.4.19;

contract DemoMemorytoStorageValueTypeAssignment {

    uint stateVar = 20;
    function getUInt() returns (uint)
    {
      uint localVar = 40;

      stateVar = localVar;

      localVar = 50;

      return stateVar; // returns 40

    }

}
```

ルール7

　状態変数からメモリ変数への代入は，常に新しい値としてコピーを作成します。stateVar は
値型の状態変数として宣言され，20で初期化されています。getUInt 関数内では，uint 型のロー
カル変数が宣言され，40が割り当てられます。その後，stateVar へ localVar が代入されます。
この段階では，両者の値は20です。次の行では，stateVar の値を50に変更し，localVar を返

しています。戻り値は20で，各変数は以下に示すように独立した値を保持しています。

```solidity
pragma solidity 0.4.19;

contract DemoStoragetoMemoryValueTypeAssignment {

    uint stateVar = 20;
    function getUInt() returns (uint)
    {
        uint localVar = 40;

        localVar = stateVar;

        stateVar = 50;

        return localVar; // returns 20

    }

}
```

　uint型の固定配列であるstateArrayは状態変数として宣言されています。getUInt関数内では，uint型のローカルメモリ固定配列が定義されており，stateArray変数で初期化されています。この段階では，両者の値は同じです。次の行では，stateArrayの値の1つを5に変更し，localArray1の開裂から同じ場所にある要素を返します。戻り値は2で，以下に示すように独立した値を保持しています。

```solidity
pragma solidity 0.4.19;

contract DemoStoragetoMemoryReferenceTypeAssignment {

    uint[2] stateArray = [uint(1), 2];
    function getUInt() returns (uint)
    {
        uint[2] memory localArray = stateArray;

        stateArray[1] = 5;

        return localArray[1]; // returns 2

    }

}
```

ルール8

　あるメモリ変数から別のメモリ変数への代入は，参照型のコピーを作成しません。値型の新しいコピーを作成します。以下のコードは，メモリ内の値型変数が値で上書きされることを示しています。localVar1の値は，localVar2が変更されたことによる影響を受けません。

```solidity
pragma solidity 0.4.19;

contract DemoMemorytoMemoryValueTypeAssignment {

    function getUInt() returns (uint)
    {
      uint localVar1 = 40;

      uint localVar2 = 80;

      localVar1 = localVar2;

      localVar2 = 100;

      return localVar1; // returns 80

    }

}
```

　以下に示すコードは，メモリ内の参照型変数が参照によってコピーされることを示しています。otherVarの値は，someVarの値が変更された場合の影響を受けます。

```solidity
pragma solidity 0.4.19;

contract DemoMemorytoMemoryReferenceTypeAssignment {

    uint stateVar = 20;
    function getUInt() returns (uint)
    {
        uint[] memory someVar = new uint[](1);

        someVar[0] = 23;

        uint[] memory  otherVar = someVar;

        someVar[0] = 45;

        return (otherVar[0]); //returns 45

    }

}
```

リテラル

　Solidityは変数へ代入するためのリテラル記法を提供しています。リテラルには名前がなく，値自体です。変数はプログラムの実行中に値を変更することができますが，リテラルは同じ値のままです。いくつかのリテラルを使った例を見てみましょう。

- 整数リテラルの例には，1，10，1,000，-1，および-100があります。
- 文字列リテラルの例には，"Ritesh"や"Modi"があります。文字列リテラルは二重引用符で囲みます。

- アドレスリテラルは，0xca35b7d915458ef540ade6068dfe2f44e8fa733cや0x1 l l l l l l l l l l l l l l l l l l l l l l l l l l l l l l l l l l l l l l l l l となります。
- 16進数リテラルには，接頭辞hexのキーワードをつけます。例を挙げると，"1A2B3F"となります。
- Solidityはドットを使用して小数リテラルをサポートしています。4.5や0.2と表現されます。

整数型

整数型はコントラクトで数値を扱えるようにします。Solidityは，次の2種類の整数型を提供します。

- **Signed integers**：符号付き整数は，負の値と正の値を両方保持できます。
- **Unsigned integers**：符号なし整数は，0と正の値のみを保持できます。また，0と正の値を除外することで負の値を保持することも可能です。

Solidityには複数種の整数型が存在します。Solidityは8ビットの符号なし整数を表現するuint8型を提供し，8の倍数で256までの型を提供します。つまり，uint8型，uint16型，uint24型など，uint256まで32種類の異なるuint型を宣言することが可能です。同様に，int8型，int16型，int256型などの整数に対応する型も存在します。

要件に応じて，適切なサイズのIntegerを選択するべきです。例えば，0～255を保存するときuint8は適切で，−128～127を保存するときはint8がより適切です。値が大きくなる場合は，より大きなInteger型を使用できます。

符号付き整数と符号なし整数のデフォルト値は0で，宣言時に自動的に初期化されます。整数は値型ですが，配列として使用する場合は参照型になります。

加算，減算，乗算，除算，指数関数，否定，ポストインクリメント，プリインクリメントなどの数学演算を整数で実行できます。その例を以下にいくつか示します。

第3章　Solidity入門

```solidity
pragma solidity 0.4.19;

contract AllAboutInts {

    uint  stateUInt = 20 ; //state variable
    uint  stateInt = 20 ; //state variable

    function getUInt(uint incomingValue)
    {
        uint memoryuint = 256 ;
        uint256 memoryuint256 = 256 ;
        uint8 memoryuint8 = 8 ; //can store value from 0 upto 255

        //addition of two uint8
        uint256 result = memoryuint8 + memoryuint ;

        // assignAfterIncrement = 9 and memoryuint8 = 9
        uint8 assignAfterIncrement = ++memoryuint8 ;

        // assignAfterIncrement = 9 and memoryuint8 = 10
        uint8 assignBeforeIncrement = memoryuint8++;


    }

    function getInt(int incomingValue)
    {
        int memoryInt = 256 ;
        int256 memoryInt256 = 256 ;
        int8 memoryInt8 = 8 ; //can store value from -128 to 127
    }

}
```

論理型

　Solidityは他のプログラミング言語と同様に，論理型を提供しています。論理型のデータを使用することで，trueまたはfalse，あるいは1または0のようなバイナリ結果の表現が可能です。このデータ型はtrueおよびfalseのみが有効です。他のプログラミング言語と同様に，Solidityの論理型も整数への変換はできないことに注意してください。boolは値型で，他のbool値をとる変数への代入は，新しいコピーを作成します。Solidityにおける論理型のデフォルト値はfalseです。

　論理型は次のコードのように宣言され，値が代入されます。

```solidity
bool isPaid = true;
```

　コントラクト内で変更することができ，入力パラメータや出力パラメータ，戻り値は以下に示すように使用できます。

```solidity
pragma solidity 0.4.19;

contract boolContract {

    bool isPaid = true;

    function manageBool() returns (bool)
    {
      isPaid = false;

      return isPaid; //returns false
    }

    function convertToUint() returns (uint8)
    {
      isPaid = false;

      return uint8(isPaid); //error
    }

}
```

バイトデータ型

　バイトは8ビット符号付き整数を参照します。メモリ内のすべてのデータは，0と1の2種類で構成されるビットに格納されます。Solidityは，バイナリ形式の情報を格納するバイト型も提供します。一般的に，プログラミング言語ではバイトを表現するためのデータ型を用意しています。しかし，Solidityには複数のバイト型が存在します。bytes1からbytes32のデータ型を提供しており，必要に応じてさまざまなバイト長を表現します。これらは固定サイズのバイト配列と呼ばれ，値型として実装されています。bytes1は1バイトを表し，bytes2は2バイトを表します。byteのデフォルト値は0x00で，この値で初期化されます。Solidityには，byte1のエイリアスであるbyte型も存在します。

　次のようにして，バイトへ16進数形式のバイト値を代入できます。

　　　bytes1 aa = 0x65;

　次のようにして，バイトへ10進数形式の整数値を代入できます。

　　　bytes1 bb = 10;

　次のようにして，バイトへ10進数形式の負の整数値を代入できます。

　　　bytes1 ee = -100;

　次のようにして，バイトへ文字を代入できます。

　　　bytes1 dd = 'a';

　次のコードでは，256の値は1バイトに収まらず，より大きなバイト配列が必要になります。

　　　bytes2 cc = 256;

次のスクリーンショットにあるコードでは，正および負の整数，文字リテラルを固定長のバイト配列で格納する方法を示しています。

byte型では，and, or, xor, not, left, rightなどを用いてビット単位の演算を行うこともできます。

```solidity
pragma solidity 0.4.19;

contract bytesContract {

    bytes1 aa = 0x65;
    bytes1 bb = 10;
    bytes2 cc = 256;
    bytes1 dd = 'a';
    bytes1 ee = -100;

    function getintaa() returns (uint)
    {
      return uint(aa); //returns 101
    }

    function getbyteaa() returns (bytes1)
    {
      return aa; //returns 0x65
    }

    function getbytebb() returns (bytes1)
    {
      return bb; //returns 0x0a
    }

    function getintbb() returns (uint)
    {
      return uint(bb); //returns 10
    }

    function getbytecc() returns (bytes2)
    {
      return cc; //returns 0x0100
    }

    function getintcc() returns (uint)
    {
      return uint(cc); //returns 256
    }

    function getbytedd() returns (bytes2)
    {
      return dd; //returns 0x6100 or 0x61 for bytes1
    }

    function getintdd() returns (uint)
    {
      return uint(dd); //returns 97
    }
}
```

配列

配列はデータ型として説明されていますが，より具体的には，他のデータ型に依存するデータ構造体です。配列は同じ型の値のグループを参照します。配列は値を一緒に格納する際に役立ち，グループ内の要素やサブセットのイテレーション処理，並び替え，検索の処理を容易にします。

Solidityはさまざまなニーズに対応する豊富な配列構造を提供します。

Solidityで使用される配列の例は次のとおりです。

```
uint[5] intArray ;
```

Solidityの配列は，静的にも動的にも扱うことができます。

固定配列

固定配列とは，宣言時にあらかじめ定義されたサイズの配列を指します。固定配列の例は次のとおりです。

```
int[5] age ; // 5つのサイズが割りあてられたint型固定配列
byte[4] flags ; // 4つのサイズが割りあてられたbyte型固定配列
```

固定配列は，newキーワードを使用して初期化することができません。次のコードに示すように，インラインでのみ初期化できます。

```
int[5] age = [int(10), 20,30,40,50] ;
```

あとで関数内でインライン初期化することもできます。

```
int[5] age ;
age = [int(10),2,3,4,5];
```

動的配列

動的配列は，宣言時にあらかじめ決められたサイズをもたない配列のことを指し，実行時にサイズが決定されます。次のコードを見てみましょう。

```
int[] age ; // 固定サイズをもたないint型動的配列で，容量は代入時に割りあてられる。
byte[] flags ; // 固定サイズをもたないbyte型動的配列
```

動的配列はインラインで初期化することも，new演算子を使用して初期化することもできます。宣言時に次のような方法で初期化できます。

```
int[] age = [int(10), 20,30,40,50] ;
int[] age = new int[](5) ;
```

初期化は，次の2つの異なるステップに続いて関数内にて行うことも可能です。

```
int[] age ;
age = new int[](5) ;
```

特別な配列

Solidityは，次の2つの特別な配列を宣言できます。

●バイト配列

76　　　第3章　Solidity入門

●文字列配列

バイト配列

バイト配列は，任意のバイト数を保持できる動的配列です。これはbyte[]と同じではありません。byte[]配列は要素ごとに32バイトをとりますが，bytesはすべてのバイトを密接に保持します。

バイトは，次のコードに示すように，最初の長さのサイズをもつ状態変数として宣言できます。

```
bytes localBytes = new bytes(0) ;
```

前述の配列と同様に，次の2つのコードに分割することもできます。

```
bytes localBytes ;
localBytes= new bytes (10) ;
```

バイトは，次のように直接値を割り当てることができます。

```
localBytes = "Ritesh Modi";
```

また，次のコードが格納場所にある場合は，値を追加することもできます。

```
localBytes.push(byte(10));
```

バイトは，次のように読み書きの長さを示す属性も提供しています。

```
return localBytes.length; //長さの属性を読む
```

以下のコードもご覧ください。

```
localBytes.length = 4; // 4バイトに長さを設定する
```

文字列配列

Stringは前の節で説明したバイト配列に基づく動的データ型です。追加の制約をもつバイトと非常によく似ています。文字列は索引付けや追加ができません。長さ属性ももちません。文字列変数に対してこれらのアクションを実行するには，最初にバイト変換してから操作後に文字列に変換する必要があります。

Stringは，シングルクォーテーションまたはダブルクォーテーションで囲まれた文字によって構成されます。次のように宣言して値を直接割り当てることができます。

```
String name = "Ritesh Modi" ;
```

また，次のようにバイトへ変換することもできます。

```
Bytes byteName = bytes(name) ;
```

配列の属性

配列がサポートしている標準の属性がありますが，Solidityでは複数の配列型が存在するため，すべての配列型がこれらの属性をサポートしているわけではありません。属性は次のとおりです。

- index: ここの配列要素を読み込むために使用するこの属性は，文字列型以外のすべての配列型でサポートされています。個々の配列要素に書き込むためのインデックス属性は，動的配列，固定配列，およびバイト型のみでサポートされています。Stringおよび固定サイズのバイト配列では，書き込みはサポートされていません。
- push: この属性は動的配列のみでサポートされています。
- length: この属性は，文字列型を除き，すべての配列で読み込みの観点からサポートされています。動的配列とバイトのみがlength属性の変更をサポートしています。

配列の構造体

　ここまでで構造体についても簡単に触れてきました。構造体は，ユーザ独自定義のデータ構造を定義するのに役立ちます。構造体は，異なるデータ型の複数の変数を単一の型にグルーピングできます。構造体にはプログラミングロジックや実行コードが含まれません。単に変数宣言のみが記述されています。構造体は参照型であり，Solidityでは複合型として扱われます。

　構造体は，次のコードに示すように，状態変数としてstring，uint，bool，およびuint配

```
pragma solidity 0.4.19;

//contract definition
contract generalStructure {
    //state variables

    //structure definition
    struct myStruct {
        string name; //variable fo type string
        uint myAge; // variable of unsigned integer type
        bool isMarried; // variable of boolean type
        uint[] bankAccountsNumbers; // variable - dynamic array of unsigned integer
    }

    // state structure
    myStruct  stateStructure = myStruct("Ritesh", 10, true, new uint[](2));

    myStruct  stateStructure1;


    //function definition
    function getAge ()  returns (uint) {

        // local structure
        myStruct memory localStructure = myStruct("Modi", 20 ,false, new uint[](2));

        //local pointer to State structure
        myStruct pointerStructure = stateStructure;

        // pointerlocalStructure is reference to localStructure
        myStruct memory pointerlocalStructure = localStructure;

        //changing value in localStructure
        localStructure.myAge = 30;

        //assigning values to state variable
        stateStructure1 =   myStruct("Ritesh", 10, true, new uint[](2));

        //returning pointerlocalStructure.Age -- returns 30
        return pointerlocalStructure.myAge;

    }
}
```

列で構成される構造体が定義されています。2つの状態変数があり，それらはStorageに保管されています。最初の状態変数stateStructure1は，宣言時に初期化されますが，もう一方の状態変数stateStructure1はのちに関数内で初期化されています。

　メモリで管理されるローカルの構造体はgetAge関数内で宣言され，初期化されます。

　一方の構造体は，状態変数stateStructureへのポインタとして機能しています。

　3つ目の構造体は，前に作成されたローカル構造体localStructureを参照するように初期化されています。

　前に宣言された状態構造が初期化され，最終的にpointerLocalStructureからの経過時間が返される間に，localStructureの属性の1つが変更されます。

列挙

　この章の前半では，Solidityファイルのレイアウトについて解説しながら，列挙の概念について説明してきました。列挙は，定数値を事前に定義した値型のリストです。値によって受け渡され，コピーされたそれぞれの値は独自の値を保持します。列挙は関数内では宣言できず，コントラクトのグローバル名前空間内で宣言されます。

　あらかじめ定義された定数は継続して割り当てられ，ゼロから始まる整数値を増加させていきます。

　次頁に示すコード例は，created, approved, provisioned, rejected, deletedの5つの定数値で構成されるステータスとして識別される列挙型を宣言しています。それぞれ0,1,2,3,4の整数値が割り当てられています。

　myStatusという名称のEnumインスタンスは，初期値がprovisionedで作成されます。

　returnEnum関数は整数値として，ステータスを返します。web3や分散アプリケーション（DApp）は，コントラクト内で宣言された列挙型の意味に触れずに，enum定数に対応する整数値をただ取得します。

　returnEnumInt関数は整数値を返します。

　passByValue関数は，enumインスタンスが独自の関数内コピーを変数として保持し，他のインスタンスと共有されない例を示しています。

　assignInteger関数は，整数がenumインスタンスに値として割り当てられる例を示しています。

```solidity
pragma solidity 0.4.19;

contract Enums {

//enum declared
enum status {created, approved, provisioned, rejected, deleted}

//instance of enum with initial value 2
status myStatus = status.provisioned;

    function returnEnum() returns (status)
    {
        status stat = status.created;
        return stat;
    }

    function returnEnumInt() returns (uint)
    {

        status stat = status.approved;
        return uint(stat);
    }

    function passByValue() returns (uint)
    {

        status stat = myStatus;
        myStatus = status.rejected;

        return uint(myStatus);
    }

    function assignInteger() returns (uint)
    {

        status stat = myStatus;

        //casting integer 2 to enum and assigning
        myStatus = status(2);

        return uint(myStatus);
    }
}
```

アドレス

　アドレスは 20 バイトのデータ型です。イーサリアムは 160 ビットまたは 20 バイトのアカウントアドレスを保持するように特殊な設計がされています。コントラクトアカウントアドレスと外部アカウントのアドレスを保持できます。アドレスは値型で，別の変数に代入された場合は新たなコピーを作成します。

　アドレスには，アカウントで使用可能な Ether の量を返す balance 属性があり，Ether をアカウントに転送してコントラクト関数を呼び出すための機能が存在します。

　Ether を送金するための機能が 2 つあります。

- transfer
- send

transfer関数はsend関数よりも，Etherをアカウントへ送金するためのより良い手法です。send関数は，Etherの送金に成功した実行に応じてbool値を返します。一方，transfer関数は例外を投げ，Etherを呼び出し元へ返します。

また，コントラクト関数を呼び出すための関数が3つ存在します。

- Call
- DelegateCall
- Callcode

マッピング

マッピングは，Solidityで最も使用される複合データ型の1つです。マッピングは他の言語で使われるハッシュテーブルやDictionaryに似ています。これらはキーと値のペアを保持し，提供されたキーに対する値を取得できるようになっています。

マッピングは，mappingキーワードとそれに続くキーと値の両方のデータ型に => 表記で区切って宣言します。マッピングには他のデータ型と同様の識別子があり，Mappingにアクセスするために使用できます。マッピングの例は次の通りです。

```
Mapping ( uint => address ) Names ;
```

前のコードでは，uintデータ型はキーの格納に使用され，addressデータ型は値の格納に使用されています。名前はマッピングの識別子として使用されています。

ハッシュテーブルと辞書型に似ていますが，Solidityはマッピング内でイテレーションを行うことはできません。キーを指定することでマッピングからの値を取り出すことができます。次の例は，マッピングの操作を示しています。uint型のカウンタは，キーとして機能するコントラクトで維持され，アドレスの詳細は関数の助けを借りて格納され，取り出されます。

マッピングの特定の値にアクセスするには，関連するキーを次のようにマッピング名とともに使用する必要があります。

```
Names[counter]
```

マッピングに値を格納するには，次の構文を使用します。

```
Names[counter] = <<some value>>
```

次のスクリーンショットを見てみましょう。

81

```solidity
pragma solidity 0.4.19;

contract GeneralMapping {

    mapping (uint => address) Names;

    uint counter;

    function addtoMapping(address addressDetails) returns (uint)
    {
        counter = counter + 1;
      Names[counter] = addressDetails;

      return counter; //returns false
    }
    function getMappingMember(uint id) returns (address)
    {
      return Names[id];
    }
}
```

　マッピングはイテレーションをサポートしていませんが，この制約を回避する方法があります。
次の例は，マッピングをイテレーションする方法の1つを示しています。イテレーションとルー
プは，イーサリアムのGas使用量が多量となり，一般的に避けるべき操作であることに注意し
てください。この例では，マッピング内に格納されたエントリの数を追跡するために，別途カウン
タが用意されています。このカウンタは，マッピング内のキーとしても機能します。マッピン
グの値を格納するためのローカル配列を構築することが可能です。カウンタを使用してループを
実行し，次のスクリーンショットに示すように，マッピングからの各値を抽出してローカル配列
に格納することができます。

```solidity
pragma solidity 0.4.19;

contract MappingLooping {

    mapping (uint => address) Names;

    uint counter;

    function addtoMapping(address addressDetails) returns (uint)
    {
        counter = counter + 1;

        Names[counter] = addressDetails;

        return counter;
    }

    function getMappingMember(uint id) returns (address[])
    {
        address[] memory localBytes = new address[](counter);
        for(uint i=1; i<= counter; i++){
            localBytes[i - 1] = Names[i];
        }

        return localBytes;
    }
}
```

　マッピングはストレージとして格納される状態変数としてのみ宣言されます。マッピングはメモリとして関数内で定義することができません。ただし，次の例で示すように，状態変数で宣言されたマッピングを参照する場合は，関数内でマッピングを宣言できます。

　　　Mapping (uint => address) localNames = Names ;

　localNamesというマッピングが状態変数Namesを参照している構文です。

```solidity
pragma solidity 0.4.19;

contract MappinginMemory {

    mapping (uint => address) Names;

    uint counter;

    function addtoMapping(address addressDetails) returns (uint)
    {
        counter = counter + 1;
        mapping (uint => address) localNames = Names;

        localNames[counter] = addressDetails;

        return counter;
    }

    function getMappingMember(uint id) returns (address)
    {
        return Names[id];
    }
}
```

　ネストされたマッピング，つまりマッピングからなるマッピングをもつこともできます。次の

例はこれを示しています。uint を別のマッピングに紐付けるためのマッピングを表しています。子マッピングは最初のマッピングの値として格納されます。子マッピングにはキーとしてアドレスタイプがあり，値として文字列タイプがあります。単一のマッピング識別子があり，次のコードに示すように，この識別子自体を使用して子マッピングまたは内部マッピングにアクセスできます。

```
mapping (uint => mapping(address => string)) accountDetails;
```

このタイプのネストされたマッピングにエントリを追加するには，次の構文のようになります。

```
accountDetails[counter][addressDetails] = names;
```

ここで，accountDetails はマッピングの識別子であり，counter は親マッピングのキーです。accountDetails[counter] のマッピングは，親マッピングから値を取得します。この値は別のマッピングにあります。そこにキーを追加すると，内部マッピングの値を設定できます。同様に，内部マッピングの値は次の構文を使用して取得できます。

```
accountDetails[counter][addressDetails]
```

以下のスクリーンショットをご覧ください。

```solidity
pragma solidity 0.4.19;

contract DemoInnerMapping {

    mapping (uint => mapping(address => string)) accountDetails;
    uint counter;

    function addtoMapping(address addressDetails, bytes name) returns (uint)
    {
        string memory names = string(name);
        counter = counter + 1;
        accountDetails[counter][addressDetails] = names;

        return counter;
    }

    function getMappingMember(address addressDetails) returns (bytes)
    {
        // 0xca35b7d915458ef540ade6068dfe2f44e8fa733c
        return bytes( accountDetails[counter][addressDetails]);
    }
}
```

まとめ

この章では Solidity について詳しく見てきました。まず，最上位レベルで宣言できる要素とともに Solidity ファイルの概略を紹介しました。また，pragma，contract，コントラクト要素について述べました。そして，Solidity のデータ型についての詳細な解説が，この章のメインとなります。値型と参照型については，int，uint，固定サイズのバイト配列，バイト，配列，文字

列，構造体，列挙，アドレス，論理型，マッピングなどの型を見てきました。構造体や配列など
の複雑な型のデータ位置についても，その使用方法を規定するルールとともに詳しく説明しまし
た。

　次の章では，スマートコントラクトの変数と関数の使用方法に焦点を当てて説明していきます。
Solidityは，現在のトランザクション，ブロックの状態を取得する作業を容易にするために，多
数のグローバル変数と関数を提供します。これらの変数と関数は，コンテキスト情報とSolidity
コード，ロジック実行に使用します。これらは事業においてスマートコントラクトを作成する上
で重要な役割を果たします。

第4章 グローバル変数と関数

　3章「Solidity入門」では，Solidityのデータ型を詳細に見ていきました。データ型には値型と参照型があります。構造体や配列のような参照型は，関連するメモリとストレージの位置を保持します。変数には状態変数（state variable）と関数内で用いられるローカル変数があります。本章では変数に着目して，スコープや宣言，初期化，巻き上げ[1]，どのコントラクトでも利用できるグローバル変数などのルールを見ていきます。なお，グローバル関数についても本章で取り上げます。

本章で扱う内容
- var型変数
- 変数のスコープ
- 変数の変換
- 変数の巻き上げ
- グローバル変数に関連するブロック
- グローバル変数に関連するトランザクション
- 数学と暗号学のグローバル関数
- グローバル変数，グローバル関数に関連するアドレス
- コントラクトに関連するグローバル変数，グローバル関数

---

1 訳注：JavaScriptなどの言語では，関数のどこで変数を宣言しても，関数の先頭で宣言されたのと同様に動作する巻き上げ（ホイスティング）という仕様があります。

var型変数

3章ではvar型というSolidityの型を説明していませんでした。varは関数内のみで存在できる特別な型です。var型の状態変数はコントラクトに存在しません。var型で宣言された変数は，明示的な型付けがなく，暗黙的に型付けされます。最初に割り当てられた値によってコンパイラが型を決定し，一度決定された型は変更できません。

コンパイラがvar型変数の最終的なデータ型を決定します。したがって，現在のブロックディフィカルティ（uint型のblock.difficultyで示される）のように依存してコンパイラによって決定される型は，コードの実行によって期待される型と同一でない可能性があります。varはメモリの場所を明示的に利用するためには使えません。明示的にメモリの場所を指定するには明示的な変数の型が必要です[2]。

次のスクリーンショットはvarの例です。uintVar8変数はuint8型，uintVar16変数はuint16型，intVar8変数はint8型（符号付き整数），boolVar変数は論理型，stringVar変数は文字列型，bytesVar変数はバイト配列型，arrayInteger変数はuint8の配列型，arrayByte変数はbytes10のバイト配列型になります。

```
pragma solidity 0.4.19;

contract VarExamples {
    function VarType()
    {
        var uintVar8 = 10; //uint8
        uintVar8 = 255; //256 is error

        var uintVar16 = 256; //uint16
        uintVar16 = 65535; //aaa = 65536; is error

        var intVar8 = -1; //int8 values -128 to 127

        var intVar16 = -129; //int16 values -32768 to 32767

        var boolVar = true;
        boolVar = false; // 10 is error, 0 is error, 1 is error, -1 is error

        var stringVar = "0x10"; // this is string memory
        stringVar = "10"; // cc =123123123123123123121222222 is error

        var bytesVar = 0x100; // this is byte memory

        var Var = hex"001122FF";

        var arrayInteger = [uint8(1),2];
        arrayInteger[1] = 255;

        var arrayByte = bytes10(0x2222);
        arrayByte = 0x11111111111111111111; //0x1111111111111111111111 is error
    }
}
```

---

[2] 訳注：ブロックのディフィカルティはマイニングの難易度を表す数値であり，マイニングの参加状況によって変化します。そのため，コンパイル時とコード実行時とで型が変化する可能性が生じます。

88　第4章　グローバル変数と関数

変数の巻き上げ

　巻き上げは，変数を使用する前に宣言や初期化をしていない状況で発生します。変数宣言は関数内のどこでも宣言することができ，変数を使った後でも宣言可能です。これを変数の巻き上げと呼びます。Solidityコンパイラは，関数内のすべての場所で宣言された変数を抽出し，関数の先頭に配置します。また，Solidityで変数を宣言するとそれぞれデフォルト値で初期化されます。これにより，変数が関数全体で使用可能になります。

　次の例では，firstVar, secondVar, result変数は関数の最後で宣言されていますが，関数の最初で利用されています。しかし，命令の最初で宣言されるように，コンパイラはコントラクトのバイトコードを作成します。

```solidity
pragma solidity ^0.4.19;

contract variableHoisting {

    function hoistingDemo() returns (uint){

        firstVar = 10;
        secondVar = 20;

        result = firstVar + secondVar;

        uint firstVar;
        uint secondVar;
        uint result;
        return result;


    }

}
```

変数のスコープ

　スコープはSolidityにおいて，関数内やコントラクトで利用可能な場所を指します。Solidityには変数が宣言される場所として次の2つがあります。

- 状態変数と呼ばれる，コントラクトレベルのグローバル変数
- 関数レベルのローカル変数

　関数レベルのローカル変数は大変理解しやすいものです。関数内のみ利用可能で，関数外では無効になる変数です。

　コントラクトレベルのグローバル変数は，コンストラクタを含むすべての関数，fallback，コントラクト内の修飾子（modifier）から利用可能です。コントラクトレベルのグローバル変数に

は，可視性の修飾子をつけることができます。状態変数は可視性修飾子とは無関係にネットワーク全体へ公開されることを理解しておきましょう。次の状態変数は，関数を使用することで値を変更することができます。

- public：この場合の状態変数は外部呼び出しから直接アクセスできます。パブリック状態変数の値を読み取るため，getter関数がコンパイラによって暗黙的に生成されます。
- internal：この場合の状態変数は外部呼び出しから直接アクセスできません。現在のコントラクトと派生した子コントラクトからアクセスできます。
- private：この場合の状態変数は外部呼び出しから直接アクセスできず，また子コントラクトからもアクセスできません。現在のコントラクトからのみアクセスできます。

次のスクリーンショットは，前に挙げた状態変数の宣言例です。

```solidity
pragma solidity ^0.4.19;

contract ScopingDtateVariables {

//    uint64 public myVar = 0;

//    uint64 private myVar = 0;

//    uint64 internal myVar = 0;


}
```

型変換

これまでに，Solidityは静的型付け言語であることを見てきました。変数はコンパイル時にデータ型が指定されます。データ型は変数が生成されてから消滅するまで変更されません。それは指定されたデータ型しか代入されないということを意味します。例えば，uint8は0から255までの値しか代入されません。負の数や255より大きい値は代入できません。次のコードを見てみましょう。

```solidity
pragma solidity ^0.4.19;

contract ErrorDataType {

    function hoistingDemo() returns (uint){

        uint8 someVar = 100;
        someVar = 300; //error


    }

}
```

しかし，ある型の変数を別の変数へコピーする際に型を変化させなければならない場合があり，これらは一般的に型変換と呼ばれます。Solidityでは型変換の規則が存在しています。型変換におけるさまざまな手法を次の節で見ていきましょう。

暗黙的な型変換

暗黙的な型変換は演算子や特定の操作を必要としません。暗黙的な型変換は完全にルールに則って行われ，変換後にデータの損失や値の不一致はなく，また型安全に行われます。Solidityは小さな整数型から大きな整数型へ暗黙的な型変換を許可しています。例えば，uint8からuint16への変換は暗黙的に行われます。

明示的な型変換

データの損失のおそれがある場合や，変換対象のデータ値が変換先のデータ型の範囲に含まれていないために，コンパイラが暗黙的な型変換を行わず，明示的な型変換が必要になります。Solidityは明示的な型変換のためにそれぞれの型に対する関数を提供しています。uint16からuint8へ変換する明示的な型変換の例があります。データ損失はこのような例だと起こりえます。

次のコードはそれぞれの暗黙的，明示的な型変換の例です。

- ConvertionExplicitUINT8toUINT256：この関数はuint8からuint256への明示的な型変換を実行します。これは暗黙的な型変換でも可能です。
- ConvertionExplicitUINT256toUINT8：この関数はuint256からuint8への明示的な型変換を実行します。もし，暗黙的な型変換であったら，コンパイル時にエラーを引き起こす種類の変換です。
- ConvertionExplicitUINT256toUINT81：この関数は明示的な型変換の興味深い側面を示してくれます。明示的な型変換はエラーが発生しやすく，一般的には避けるべきです。この関数では，小さいデータ型の変数に大きい値を格納しようとします。これにより，データが失われ，予測不能な値になります。コンパイラはエラーを返しません。しかし，値をより小さな型に変換させようと試み，そして有効な値を見つけるために循環します。
- Conversions：この関数は暗黙的な型変換と明示的な型変換の実例です。型変換の失敗例はコメントで示しています。以上についての説明を，以下のスクリーンショット中に示しました。読んで理解を深めてください[3]。

---

3 訳者注：例では値10000134をuint8型に変換しようとしています。uint8は256までしか格納できないため，オーバーフローを循環的に起こします。10000134を256で割ると商は39063，余りが6であるため，39063回循環した後，最終的に余りである6が返されます。

```solidity
pragma solidity ^0.4.19;

contract ConversionDemo {

    function ConvertionExplicitUINT8toUINT256() returns (uint){
        uint8 myVariable = 10;
        uint256 someVariable = myVariable;
        return someVariable;
    }

    function ConvertionExplicitUINT256toUINT8() returns (uint8){
        uint256 myVariable = 10;
        uint8 someVariable = uint8(myVariable);
        return someVariable;
    }

    function ConvertionExplicitUINT256toUINT81() returns (uint8){
        uint256 myVariable = 10000134;
        uint8 someVariable = uint8(myVariable);
        return someVariable; //returns 6 as return value
    }

    function Convertions() {

        uint256 myVariable = 10000134;
        uint8 someVariable  = 100;
        bytes4 byte4 = 0x65666768;

        // bytes1 byte1 = 0x656667668; //error

        bytes1 byte1 = 0x65;

        //  byte1 = byte4; //error, explicit conversion needed here

        byte1 = bytes1(byte4) ; //explicit conversion

        byte4 = byte1;  //Implicit conversion

        // uint8 someVariable = myVariable; // error, explicit conversion needed here

        myVariable = someVariable; //Implicit conversion

        string memory name = "Ritesh";
        bytes memory nameInBytes = bytes(name); //explicit string to bytes conversion

        name = string(nameInBytes); //explicit bytes to string conversion

    }
}
```

ブロックとトランザクションのグローバル変数

　Solidityには，コントラクト内で宣言されていなくてもコードからアクセスできるグローバル変数がいくつか存在しています。コントラクトは台帳には直接アクセスできません。台帳はマイナーだけがメンテナンスできますが，Solidityはコントラクトに対して，現在のトランザクションとブロック情報をSolidityではブロック関連とトランザクション関連の変数をどちらも利用できます。

次のコードは，グローバル変数であるトランザクション，ブロック，およびメッセージ変数の使用例を示しています。

```solidity
pragma solidity ^0.4.19;

contract TransactionAndMessageVariables {

    event logstring(string);
    event loguint(uint);
    event logbytes(bytes);
    event logaddress(address);
    event logbyte4(bytes4);
    event logblock(bytes32);

    function globalVariable() payable {

        logaddress( block.coinbase ); // 0x94d76e24f818426ae84aa404140e8d5f60e10e7e

        loguint( block.difficulty ); //71762765929000

        loguint( block.gaslimit ); // 6000000

        loguint(  msg.gas ); //2975428

        loguint(  tx.gasprice ); // 1

        loguint(  block.number ); //123

        loguint( block.timestamp ); //1513061946

        loguint( now ); //1513061946

        logbytes( msg.data ); // 0x4048d797

        logbyte4(   msg.sig ); // // 0x4048d797

        loguint( msg.value ); // 0 or in Wei if ether are send

        logaddress( msg.sender ); //0xca35b7d915458ef540ade6068dfe2f44e8fa733c"

        logaddress( tx.origin ); // 0xca35b7d915458ef540ade6068dfe2f44e8fa733c"

        logblock ( block.blockhash( block.number) ); //0x0000000000000000000000000

    }
}
```

トランザクションとメッセージのグローバル変数

　次の表は，グローバル変数とそのデータ型のリスト，およびリファレンスとして用意されている説明です。

変数名	説　明
block.coinbase (address)	etherbase と同じです。マイナーのアドレスを参照します。
block.difficulty (uint)	現在のブロックのディフィカルティ
block.gaslimit (uint)	現在のブロックの gaslimit
block.number (uint)	現在のブロックナンバー
block.timestamp (uint)	ブロックが作られた時のタイムスタンプ
msg.data (bytes)	トランザクションを作成した時の関数とパラメータ
msg.gas (uint)	トランザクション実行後に利用していない Gas
msg.sender (address)	関数を呼び出したアドレス
msg.sig (bytes4)	関数の識別子。関数署名のハッシュ後の4バイトを用いている
msg.value (uint)	トランザクションに関わる送金 wei 額
now (uint)	現在時刻
tx.gasprice (uint)	呼び出し元が各 gas unit について払う gas price
tx.origin (address)	トランザクションを最初に呼び出したアドレス
block.blockhash(uint blockNumber) returns (bytes32)	トランザクションを含むブロックのハッシュ値。bytes32 型で返却される。

tx.origin と msg.sender の違い

　注意深く読み進めた読者は，前のコードのリファレンスで，tx.origin と msg.sender は同じ

結果であることに気づいているかもしれません。tx.originのグローバル変数はトランザクションを開始した元のアドレス（外部アカウント）を参照し，msg.senderは関数を直接呼び出すアドレス（外部アカウントであることも，コントラクトアドレスであることもあります）を参照します。msg.senderはコントラクトアドレスまたは外部アカウントのいずれかの値をとりますが，tx.origin変数は常に外部アカウントを参照します。複数のコントラクトを経由して複数の関数が呼び出された時を考えます。tx.originは呼び出されたコントラクトのスタック状況に関係なく，トランザクションを開始したアドレスを常に参照しますが，msg.senderはコントラクトを呼び出した直前のアドレス（外部アカウントあるいはコントラクトアドレス）を参照します。tx.originよりもmsg.senderの利用が推奨されます。

暗号化グローバル関数

Solidityではコントラクトの関数をハッシュするために，暗号化関数が用意されています。SHA2アルゴリズムに基づく関数とSHA3アルゴリズムに基づく関数の2つがあります。

sha3関数は入力値をsha3アルゴリズムに基づいてハッシュ値に変換し，sha256関数はsha2アルゴリズムに基づいてハッシュ値に変換する関数です。SHA3アルゴリズムの別名であるkeccak256という他の関数もあります。ハッシュ化にはkeccak256またはsha3関数を使用することを推奨します。以下に，これらの関数の振る舞いを示します。

```solidity
pragma solidity ^0.4.19;

contract CryptoFunctions {

    function cryptoDemo() returns (bytes32, bytes32, bytes32){

        return (sha256("r"), keccak256("r"), sha3("r"));

    }

}
```

この関数を実行した結果は，次のスクリーンショットのようになります。keccak256関数とsha3関数の結果は両方とも同じです。

```
{
    "0": "bytes32: 0x454349e422f05297191ead13e21d3db520e5abef52055e4964b82fb213f593a1",
    "1": "bytes32: 0x414f72a4d550cad29f17d9d99a4af64b3776ec5538cd440cef0f03fef2e9e010",
    "2": "bytes32: 0x414f72a4d550cad29f17d9d99a4af64b3776ec5538cd440cef0f03fef2e9e010"
}
```

これら3つの関数は引数をすべてつなげて処理します。つまり，次のコードに示すように複数

95

のパラメータは連結してハッシュ値に変換します。

```
keccak256(97, 98, 99)
```

アドレスに紐づくグローバル変数と関数

すべての外部アカウントまたはコントラクトアドレスは5つのグローバル関数と1つのグローバル変数をもっています。これらの関数と変数は7章で詳しく説明します。アドレスに関連するグローバル変数はbalanceと呼ばれ、そのアドレスで利用可能なEther残高をweiで表します。グローバル関数は次の通りです。

- <address>.transfer(uint256 amount)：アドレスにwei指定で残高を送金する関数です。失敗時はエラーをthrowします。
- <address>.send(uint256 amount) returns (bool)：アドレスにwei指定で残高を送金する関数です。失敗時はfalseを返却します。
- <address>.call(...) returns (bool)：callを実行します。失敗時にはfalseを返却します[4]。
- <address>.callcode(...) returns (bool)：callcodeを実行します。失敗時にはfalseを返却します。
- <address>.delegatecall(...) returns (bool)：delegetacodeを実行します。失敗時にはfalseを返却します。

コントラクトアドレス固有のグローバル変数と関数

すべてのコントラクトは、以下の3つのグローバル関数をもちます。

- this：現在のコントラクトのタイプで、明示的にアドレスに変換できます。
- selfdestruct：現在のコントラクトを破壊し、指定されたアドレスに破壊されたアドレスの所持資金を送付するという動きをするための、着金アドレスです。
- suicide：selfdestructのエイリアスです[5]。

---

4 訳注：原文ではissues a low-level callと記載されていますが、EVM上で実行しているOPCODEのことを指していると思われます。OPCODEにはCALL、CALLCODE、DELEGATECALLがあるため、それらのOPCODEを以下3つの関数では指しています。

5 訳注：suicideはselfdestructのエイリアスでしたが、バージョン0.5.0からは利用不可になります。

まとめ

　4章で説明した内容のほとんどは，3章までの内容と関連しています。4章の前半では，コードの例とともに，変数の巻き上げ，型変換，varデータ型に関する詳細，およびSolidity変数のスコープについて詳しく説明しました。後半では，グローバルに利用可能な変数と関数に焦点を当てました。block.coinbase,msg.dataなどトランザクションおよびメッセージ関連の変数や，msg.senderとtx.originの違いとその使用方法についても説明しました。また，暗号化，アドレス，およびコントラクトレベルの関数についても説明しました。コントラクトレベルの関数は7章でさらに解説します。

　次の章では，Solidityにおける式と制御構造に焦点を当て，ループと条件に関するプログラミングの詳細について説明します。プログラムは繰り返しタスクを行うために，何らかのループ制御が必要です。次章はループを実現するためのSolidityの制御構造を学ぶ重要な章になります。ループは条件に基づいており，条件は式を使用して書かれています。これらの式は評価されてtrueかfalseを返します。

第5章

式と制御構造

　コードの条件分岐は，プログラミング言語において重要であり，Solidityは状況に応じて異なる命令を実行できる必要があります。Solidityにはif...elseやswitchなどの構文が用意されています。複数項目をループ処理できることも重要であり，Solidityにはforループやwhileステートメントなどの複数の構文が用意されています。この章では，条件分岐とループ処理に関連するプログラミング構造について詳しく説明します。

本章で扱う内容　● if...else構文
　　　　　　　　　　● while構文
　　　　　　　　　　● Forループ
　　　　　　　　　　● break文，continue文
　　　　　　　　　　● return構文

Solidityの式

式とは，単一の値，オブジェクト，または関数をもたらす構文（複数のオペランドと，オプションで演算子を含む）を指します。オペランドとは演算の対象となる値や変数，定数のことで，式に含まれるリテラル，変数，関数呼び出し，または別の式自体が該当します。式の例は次のとおりです。

```
Age > 10
```

このコードでは，Ageは変数を表し，10は整数リテラルを表します。Ageと10はオペランドであり，大なり（>）は演算子です。この式は，Ageに格納されている値に応じて，単一の論理値（true または false）を返します。

```
((Age > 10) && (Age < 20) ) || ((Age > 40) && (Age < 50) )
```

このコードでは複数の演算子が使用されています。&&演算子は，2つの式の間のAND演算子として機能し，2つの式はオペランドと演算子で構成されます。また，||演算子は2つの複雑な式の間のOR演算子として機能します。

Solidityには，論理値を返す式を記述するのに役立つ次の比較演算子があります。

演算子	意味	使用例
==	等しい	myVar == 10
!=	等しくない	myVar != 10
>	大なり	myVar > 10
<	小なり	myVar < 10
>=	以上	myVar >= 10
<=	以下	myVar <= 10

Solidityは，Boolean値を返す式を記述するのに役立つ，次の論理演算子も提供します。

演算子	意味	使用例
&&	AND	(myVar > 10) && (myVar < 10)
||	OR	(myVar > 10) || (myVar < 10)
!	NOT	!(myVar > 10)

次の演算子は，Solidityでも他の言語と同様に優先順位をもっています。

優先順位	表現	演算子
1	インクリメント，デクリメントの接尾辞	++, --
	new式	new <typename>
	配列へのアクセス	<array>[<index>]
	オブジェクト内のメンバーへのアクセス	<object>.<member>
	関数呼び出し	<func>(<args...>)
	括弧	(<statement>)
2	インクリメント，デクリメントの接頭辞	++, --
	単項の加減	+, -
	単項演算子	delete
	論理否定演算子	!
	ビット単位否定演算子	~
3	べき乗	**
4	乗算，除算，および剰余演算	*, /, %
5	加算，減算	+, -
6	ビット単位シフト演算子	<<, >>
7	ビット単位論理積	&
8	ビット単位排他的論理和	^
9	ビット単位論理和	|
10	不等式演算子	<, >, <=, >=

11	等式演算子	==, !=
12	論理積	&&
13	論理和	||
14	三項演算子	`<conditional> ? <if-true> : <if-false>`
15	代入演算子	=, |=, ^=, &=, <<=, >>=, +=, -=, *=, /=, %=
16	カンマ演算子	,

if 決定制御 [1]

Solidity には，if...else 構文のように，条件分岐によるコード実行が可能です。一般的な if...else は以下のようなコードです。

```
if (式や条件が真である場合) {
命令を実行する
}
else if (式や条件が真である場合) {
命令を実行する
}
else {
命令を実行する
}
```

if や if-else（例えば if (a > 10) など）は，Solidity では決定制御条件[1]を含むことをコンパイラに伝えるためのキーワードになっています。

if 文には，true または false のいずれかに評価される条件が含まれています。先の例で a > 10 が真であると評価された場合，波括弧 { } のペアに続くコード命令が実行されます。

else は，前の条件が真でない場合に実行される処理を示すキーワードでもあります。a > 10 が偽である場合にコード命令を実行します。

---

1 訳注：本書では原文で「Decision Control」という言葉が出ており，決定制御と訳しました。この文脈においては if ～ else などのプログラム分岐に関する説明となります。

第5章　式と制御構造

次の例は，'IF' – 'ELSE IF' – 'ELSE' 条件の使用法を示しています。複数の定数をもつ列挙型（enum）が宣言されています。StateManagement関数はuint8引数を受け取り，列挙型の定数に変換され，if...else決定制御構造内で比較されます。引数が1の場合，返される結果は1です。引数に2または3が値として含まれている場合，コードのelse...if部分が実行されます。値が1，2，3のいずれでもない場合，else部分が実行されます。

```solidity
pragma solidity ^0.4.19;

contract IfElseExample {

    enum requestState {created, approved, provisioned, rejected, deleted, none}

    function StateManagement(uint8 _state) returns (int result) {

        requestState currentState = requestState(_state);

        if(currentState == requestState(1)){
            result = 1;
        } else if ((currentState == requestState.approved) || (currentState == requestState.provisioned)) {
            result = 2;
        } else {
            currentState == requestState.none;
            result = 3;
        }

    }
}
```

while ループ

条件に基づいて繰り返しコードを実行する必要がある場合もあります。Solidityは，この目的のためにwhileループを使うことが可能です。whileループの一般的な形式は次のとおりです。

> カウンタの宣言と初期化を行う
> while（式や条件を使ってカウンタの値をチェックする）{
> 命令を実行する
> カウンタの値を1増やす
> }

whileはSolidityのキーワードであり，コンパイラに決定制御に関する命令が含まれていることを通知します。この式が真と評価された場合，波括弧 { } のペアに続くコード命令が実行されます。whileループは，条件が偽になるまで実行を続けます。

次の例では，マッピングはcounterとともに宣言されています。counterは，Solidityでmapping変数をループさせるためにすぐに使用できるサポートがないため，mappingをループさせるために活用します。

イベントはトランザクション情報の詳細を記録するために使用されます。イベントについては，第8章「例外，イベント，およびロギング」の「イベントとロギング」の節で詳しく説明するので，現時点では，イベントが呼び出されるたびに情報を記録していることを理解すれば十分です。SetNumber関数はマッピングにデータを追加し，getnumbers関数はwhileループを実行してマッピング内のすべてのエントリを取り出し，イベントを使用してログに記録します。

　　　　一時変数iはカウンタとして使用され，whileループの実行ごとに1ずつ加算されます。

　while条件は，一時変数iの値をチェックし，それをグローバル変数であるcounterと比較します。それが真であるか偽であるかに基づいて，whileループ内のコードが実行されます。次のスクリーンショットに示すように，この一連の命令の中で，while条件がfalseとなることでループが終了するようにcounterの値を変更する必要があります。

```
pragma solidity ^0.4.19;

contract whileLoop {

    mapping (uint => uint) blockNumber;
    uint counter;

    event uintNumber(uint);
    bytes aa;

    function SetNumber()  {
        blockNumber[counter++] = block.number;
    }

    function getNumbers() {
       uint i = 0;
       while (i < counter) {
          uintNumber( blockNumber[i]  );
          i = i + 1;
       }

    }
}
```

forループ

　最も有名で最も使用されているループの1つはforループであり，Solidityで使用できます。forループの一般的な構造は次のとおりです。

　　　for（カウンタを初期化する；カウンタの値をチェックする；カウンタの値を増加させる）{

　　命令を実行する

　　　}

　forはSolidityのキーワードであり，一連の命令をループする情報が含まれていることをコンパイラに通知します。whileループと非常によく似ていますが，ループに関するすべての情報を1行に表示できるので，より簡潔で読みやすいです。

　次のコード例は，whileループを用いて書かれたコードと同じ内容を示しています。ただし，whileループの代わりにforループを使用します。一時変数iは初期化され，各イテレータで1ずつ加算され，counterの値より小さいかどうかがチェックされます。条件がfalseになる（iの値がcounter以上）とすぐにループが停止します。

```solidity
pragma solidity ^0.4.19;

contract ForLoopExample {

    mapping (uint => uint) blockNumber;
    uint counter;

    event uintNumber(uint);

    function SetNumber()  {

        blockNumber[counter++] = block.number;

    }

    function getNumbers() {

        for (uint i=0; i < counter; i++){
            uintNumber( blockNumber[i]  );
        }

    }
}
```

do...while ループ

　do...while ループは while ループと非常によく似ています。do...while ループの一般的な形式は次のとおりです。

　　　　カウンタの宣言と初期化を行う

　　　　do {

　　　　命令を実行する

　　　　カウンタの値を1増やす

　　　　} while（式や条件を使ってカウンタの値をチェックする）

　while ループと do...while ループには微妙な違いがあります。do...while の条件はループ命令の最後に記述されます。while ループの命令は，条件が false の場合は決して実行されませんが，do...while ループの命令は，条件が評価される前に一度実行されます。したがって，少なくとも1回は命令を実行したい場合は，while ループと比較して do...while ループを使用するのが望ましいと考えられます。次のコードスニペットを見てください。

```solidity
pragma solidity ^0.4.19;

contract DowhileLoop {

    mapping (uint => uint) blockNumber;
    uint counter;

    event uintNumber(uint);
    bytes aa;

    function SetNumber()  {

        blockNumber[counter++] = block.number;


    }

    function getNumbers() {

      uint i = 0;
      do {
          uintNumber( blockNumber[i]  );
          i = i + 1;
      } while (i < counter);

    }
}
```

break構文

　ループ処理は，可変長配列型のデータに対して，最初の要素からくり返し処理を行うのに役立ちます。ただし，条件判断を再度実行せずに，ループを途中で停止したり，ループを飛び越したり，ループを終了したりする場合がありますが，こういう場合にはbreak構文が役立ちます。break構文は，ループを終了させ，ループ後の最初の命令に遷移するような処理を行います。

　次のスクリーンショットの例では，break構文を使用しているため，iの値が1のときにforループが終了し，forループから制御が外れます。以下に示すようにループが強制終了されます。

```solidity
pragma solidity ^0.4.19;

contract ForLoopExampleBreak {

    mapping (uint => uint) blockNumber;
    uint counter;

    event uintNumber(uint);

    function SetNumber()  {

        blockNumber[counter++] = block.number;


    }

    function getNumbers() {

        for (uint i=0; i < counter; i++){
            if (i == 1)
                break;
            uintNumber( blockNumber[i]  );

        }

    }
}
```

continue構文

　ループは式に基づいています。式のロジックは，ループの連続性を決定します。しかし，ループ実行中に，コード途中から処理を実行せずに最初の行に戻る場合があります。continue構文はこれを行うのに役立ちます。

　次のスクリーンショットでは，forループは最後まで実行されますが，iが5よりも大きい場合はmapping変数に値は記録されません。

```solidity
pragma solidity ^0.4.19;

contract ForLoopExampleContinue {

    mapping (uint => uint) blockNumber;
    uint counter;

    event uintNumber(uint);

    function SetNumber()  {

        blockNumber[counter++] = block.number;


    }

    function getNumbers() {

        for (uint i=0; i < counter; i++){
            if ((i > 5) )
                { continue;}
            uintNumber( blockNumber[i]  );

        }

    }
}
```

return構文

　データを返すことは，Solidityにおける関数の不可欠な部分です。Solidityは関数からデータを返すための2つの異なる構文を提供します。

　次のコードスニペットでは，getBlockNumberとgetBlockNumber1の2つの関数が定義されています。getBlockNumber関数は，戻り値の名前を付けずにuintを返します。このような場合，開発者はreturnキーワードを明示的に使用して関数から戻ることができます。

　getBlockNumber1関数はuintを返し，変数の名前も提供します。そのような場合，開発者は次のスクリーンショットに示すように，returnキーワードを使用せずに関数からこの変数を直接使用して返すことができます。

```solidity
pragma solidity ^0.4.19;

contract ReturnValues {

    uint counter;

    function SetNumber()  {

        counter = block.number;

    }

    function getBlockNumber() returns (uint) {

        return counter;

    }

    function getBlockNumber1() returns (uint result) {

        result =  counter;

    }
}
```

まとめ

　式と制御構造はプログラミング言語の不可欠な部分であり，Solidity言語についても同様です。Solidityには，if...elseのような決定制御構造や，for，do...while，whileループのような変数を利用したくり返し処理の構築など，豊富な制御構造が用意されています。Solidityはまた，プログラミング言語がサポートしている条件や論理，代入，その他の種類の構文を記述することもできます。

　次の章では，SolidityとContract関数について詳しく説明します。これらはコントラクトの記述において核となる要素です。ブロックチェーンはトランザクションの実行と格納を行い，トランザクションはコントラクト関数の実行時に作成されます。関数はイーサリアムの状態を変更したり，現在の状態を返すことができます。状態を変える関数と現在の状態を返す関数について，次の章で詳しく説明します。

第6章

スマートコントラクトの作成

　Solidityはスマートコントラクトを記述するために使用されます。本章からは，実際にスマートコントラクトを記述していき，スマートコントラクトの設計や，コントラクトの定義および実装について解説します。また，新たなキーワードやアドレスを使用して，コントラクトのデプロイや作成を行う複数の方法についても説明していきます。Solidityは高水準なオブジェクト指向を提供します。継承，多重継承，抽象クラスやインタフェースの宣言，抽象関数とインタフェースにおけるメソッドの実装など，オブジェクト指向の概念と実装について詳しく掘り下げていきます。

本章で扱う内容　●コントラクトの作成
　　　　　　　　　　●newを使ったコントラクトの作成
　　　　　　　　　　●継承
　　　　　　　　　　●抽象コントラクト（Abstract contracts）
　　　　　　　　　　●インタフェース

スマートコントラクト

スマートコントラクトとは何でしょう？　多くの人は，スマート（賢い）とコントラクト（契約）という単語によって概念を捉えようとするでしょう。スマートコントラクトが実際に意味するものは，EVM上でデプロイおよび実行されているコードやプログラムのことです。契約という言葉は法律の世界ではよく使われていますが，プログラミングの世界ではあまり耳にしない単語です。Solidityを使いスマートコントラクトを記述するということが，法的な契約の記述を意味しているわけではありません。Solidityで書かれたコントラクトは，他のプログラミングコードのように，誰かに呼び出されることで実行します。そこに特別な"賢さ"は何もありません。スマートコントラクトはブロックチェーン用語です。EVM内で実行されるプログラミングロジックやコードを指す専門用語として使用されています。

スマートコントラクトは，C++，Java，C#に存在するクラス（Class）と非常によく似ています。クラスが状態（変数）と振る舞い（メソッド）で構成されているように，コントラクトは状態変数と関数で構成されています。状態変数はコントラクトがもっている現在の情報を表しており，関数による更新操作や読込操作によって現在の状態が管理されています。すでに前の章でスマートコントラクトの例をいくつか見てきましたが，ここからはさらに詳しく見ていきます。

スマートコントラクトの記法

コントラクトは，次のコードスニペットに示すように，contractキーワードと識別子を使用して宣言されます。

```
contract SampleContract {
}
```

括弧内には，状態変数と関数定義が宣言されます。コントラクト定義に関しては第3章ですでに説明しましたが，簡単におさらいします。このコントラクトは，状態変数，構造体定義，enum宣言，関数定義，修飾子，およびイベントをもちます。状態変数，構造体，列挙型については第4章で詳しく説明しました。関数，修飾子，およびイベントについては，次の2つの章で詳しく説明していきます。コントラクトを示すコードスニペットのスクリーンショットを以下に示します。

```solidity
pragma solidity 0.4.19;

//contract definition
contract generalStructure {
    //state variables
    int public stateIntVariable; // vriable of integer type
    string stateStringVariable; //variable of string type
    address personIdentifier; // variable of address type
    myStruct human; // variable of structure type
    bool constant hasIncome = true; //variable of constant nature

    //structure definition
    struct myStruct {
        string name; //variable fo type string
        uint myAge; // variable of unsigned integer type
        bool isMarried; // variable of boolean type
        uint[] bankAccountsNumbers; // variable - dynamic array of unsigned integer
    }

    //modifier declaration
    modifier onlyBy(){
        if (msg.sender == personIdentifier) {
            _;
        }
    }

    // event declaration
    event ageRead(address, int );

    //enumeration declaration
    enum gender {male, female}

    //function definition
    function getAge (address _personIdentifier) onlyBy() payable external returns (uint) {

        human =  myStruct("Ritesh",10,true,new uint[](3)); //using struct myStruct

        gender _gender = gender.male; //using enum

        ageRead(personIdentifier, stateIntVariable);
    }

}
```

コントラクトの作成

Solidityにおいて，次の2つの方法によりコントラクトを作成，および使用することができます。
- newキーワードの使用
- すでにデプロイされたコントラクトアドレスの使用

new キーワードを使用する

Solidityのnewキーワードによって，新たなコントラクトのインスタンスがデプロイおよび作成されます。コントラクトをデプロイし，状態変数を初期化して，コンストラクタを実行し，nonce値を1に設定します。最終的にインスタンスのアドレスを呼び出し元に返すことで，コントラクトインスタンスを初期化します。コントラクトをデプロイすることは，リクエスト実行者がデプロイを完了するために十分なGasを供給できていたかどうかを確認し，リクエスト実行

者のアドレスや nonce 値を使用して新たなアカウント / アドレスを生成して，送られた Ether を受け渡すという一連のイベントを含んでいます。

　次のスクリーンショットでは，HelloWorld と client という 2 つのコントラクトが定義されています。このシナリオでは，あるコントラクト（client）が別コントラクト（HelloWorld）の新しいインスタンスをデプロイして作成しています。次のコードスニペットに示すように，new キーワードを使用しています。

```
HelloWorld myObj = new HelloWorld();
```

　次のスクリーンショットを見てみましょう。

```solidity
pragma solidity 0.4.19;

contract HelloWorld {
    uint private simpleInt;

    function  getValue() public view returns (uint) {
        return simpleInt;
    }

    function setValue(uint _value) public {
        simpleInt =  _value;
    }
}

contract client  {

    function useNewKeyword() public  returns (uint) {

        HelloWorld myObj = new HelloWorld();

        myObj.setValue(10);

        return myObj.getValue();

    }
}
```

コントラクトアドレスを使用する

　コントラクトアドレスを使用して，コントラクトのインスタンスを作成する方法もあります。あるコントラクトがすでにデプロイされ，インスタンス化されている場合に使用できます。この方法では，すでにデプロイされて存在しているコントラクトアドレスを利用しています。新たなインスタンスが作成されることはありません。既存のコントラクトアドレスが再利用されることで，すでにデプロイされているコントラクトを参照することができます。

　次のコード例では，HelloWorld と client という 2 つのコントラクトが定義されています。このシナリオでは，あるコントラクト（client）は，もう一方のコントラクトがもつ既知のアドレスを使用して，そのコントラクト（HelloWorld）を作成します。アドレス型を使用し，実際のアドレスを HelloWorld コントラクトタイプにキャストします。myObj オブジェクトには，

114　　　第 6 章　スマートコントラクトの作成

次のコードスニペットに示すように，既存のコントラクトアドレスが含まれています。

    HelloWorld myObj = HelloWorld(obj);

次のスクリーンショットを見てみましょう。

```solidity
pragma solidity 0.4.19;

contract HelloWorld {

    uint private simpleInt;

    function  GetValue() public view returns (uint) {
        return simpleInt;
    }

    function  SetValue(uint _value) public {
        simpleInt = _value;
    }
}


contract client  {

    address obj ;

    function setObject(address _obj) external  {
        obj = _obj;
    }

    function UseExistingAddress() public  returns (uint) {
        HelloWorld myObj = HelloWorld(obj);
        myObj.SetValue(10);
        return myObj.GetValue();
    }
}
```

コンストラクタ

　Solidityでは，コントラクト内でコンストラクタを宣言することができます。Solidityにおいて，コンストラクタの宣言はオプションで，コンストラクタが明示的に定義されていない場合は，コンパイラがデフォルトコンストラクタを作成します。コンストラクタはコントラクトのデプロイ時に一度だけ実行されます。これは他のプログラミング言語と異なる特徴です。他のプログラミング言語では，新しいオブジェクトインスタンスが作成されるたびにコンストラクタが実行されます。しかしSolidityでは，コンストラクタが呼び出されたあと，EVMへデプロイされます。一般的に，コンストラクタは状態変数を初期化するために使用されるべきであり，他の目的でSolidityコードをコンストラクタ内に記述することは避けるべきです。コンストラクタのコードは，スマートコントラクトで実行される最初のコードセットです。コンストラクタは他のプログラミング言語のコンストラクタとは異なり，コントラクト内に1つしか存在できません。コンストラクタはパラメータを受け取ることができ，コントラクトをデプロイする際に引数を指定する

必要があります。

　コンストラクタ名はコントラクト名と同じ名前をとります[1]。両者は同じ名前でなければなりません。コンストラクタは可視性修飾子として，publicまたはinternalのいずれかを選択できます。externalやprivateとすることはできません。また，コンストラクトが明示的にデータをreturnすることはありません。次の例では，HelloWorldと同じ名前のコンストラクタが定義されています。次のスクリーンショットで示すように，コンストラクタによってストレージ変数の値を5に設定しています。

```solidity
pragma solidity 0.4.19;

contract HelloWorld {

    uint private simpleInt;

    function HelloWorld() public {
        simpleInt = 5;
    }

    function  GetValue() public view returns (uint) {
        return simpleInt;
    }

    function  SetValue(uint _value) public {
        simpleInt =  _value;
    }
}
```

複合コントラクト（Contract composition）

　Solidityは複合コントラクトをサポートしています。複合とは，複数のコントラクトやデータタイプを組み合わせて複雑なデータ構造やコントラクトを作成することを意味しています。これまでに数多くのコントラクトの構成例を見てきました。p.114で述べたnewキーワードを使用してコントラクトを作成するコードスニペットをご覧ください。この例では，clientはHelloWorldにより構成されています。ここで，HelloWorldは独立したコントラクトであり，clientは従属のコントラクトです。clientを作成するためには，HelloWorldが必要であり依存しています。複数のコントラクトにわかりやすく分解し，それらを組み合わせることで複合コントラクトとみなし利用する手法はよく行われます。

---

1 訳注：バージョン0.4.22より，コンストラクタの宣言時にはconstructorキーワードを宣言する仕様となりました。
　コード例
　　pragma solidity ^0.4.22; contract OwnedToken {　　// コンストラクタの宣言
　　constructor(bytes32 _name) public {　　　// 省略　　} }

継承

継承はオブジェクト指向における柱の1つであり、Solidityはスマートコントラクト間の継承をサポートしています。継承とは、親子関係を利用して、関連するコントラクトを複数定義していく処理のことです。継承されるコントラクトは**親コントラクト**と呼ばれ、継承するコントラクトは**子コントラクト**と呼ばれます。同様に、コントラクトは**派生クラス**と呼ばれる親をもち、親コントラクトは**基底コントラクト**と呼ばれます。継承は、コードの再利用が主な目的です。基底コントラクトと派生コントラクトの間にはis-a関係があり、派生したコントラクトではすべてのpublicおよびinternalスコープの関数と状態変数が使用可能です。実際にSolidityコンパイラは、基底コントラクトのバイトコードを派生コントラクトのバイトコードへコピーします。isキーワードは、基底コントラクトを派生コントラクトが継承するために使用されます。

Solidity開発者が習得すべき重要な概念として、コントラクトのバージョン管理方法とデプロイ方法があります。

Solidityは多重継承を含む、複数の継承方法をサポートしています。

Solidityでは基底コントラクトが派生コントラクトへコピーされ、単一の継承されたコントラクトとして作成されます。したがって、親子のコントラクト間で共有される単一のアドレスが生成されます。

単一継承

単一継承によって、基底コントラクトの変数、関数、修飾子、およびイベントを派生クラスへ継承することができます。以下の図を見てみましょう。

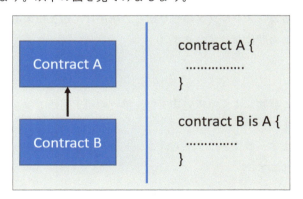

次のコードスニペットでは単一継承について解説しています。ParentContractとChildContractという2つのコントラクトが存在しますが、ChildContractはParentContractを継承しています。ChildContractは、すべてのpublic変数とinternal変数、および関数を継

承しています。次に示す通り，clientに存在するGetIntegerとSetIntegerの両関数を，まるでChildContractで定義されているかのように，ChildContractを使用する誰もが呼び出せます。

```solidity
pragma solidity 0.4.19;

contract ParentContract {
    uint internal simpleInteger;

    function SetInteger(uint _value) external {
        simpleInteger = _value;
    }
}

contract ChildContract is ParentContract {
    bool private simpleBool;

    function GetInteger() public view returns (uint) {
        return simpleInteger;
    }
}

contract Client {
    ChildContract pc = new ChildContract();

    function workWithInheritance() public returns (uint) {
        pc.SetInteger(100);
        return pc.GetInteger();
    }
}
```

　Solidityコントラクトのすべての関数は実態を伴わず，コントラクトインスタンスに基づいています。ベースクラスまたは派生クラスのうち，いずれかの適切な関数が呼び出されるこの特徴は**多態性**（polymorphism）と呼ばれ，本章の後半で説明していきます。

　コントラクトにおけるコンストラクタの呼び出しの順序は，最上位の基底コントラクトから最下位の派生コントラクトの順になっています。

多段継承

　多段継承は単一継承と非常によく似ていますが，単一の親子関係でなく，親子関係が多段的に連続する関係性をもちます。

　これを次の図で示します。コントラクトAはコントラクトBの親であり，コントラクトBはコントラクトCの親となります。

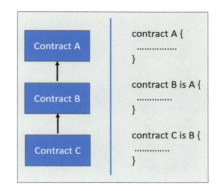

階層継承

　階層継承も単一継承に似ていますが，階層継承の場合，1つのコントラクトが複数の派生コントラクトにおける基底コントラクトとして機能しています。これを次の図に示します。ここで，コントラクトAは，コントラクトBとコントラクトCの両方に派生しています。

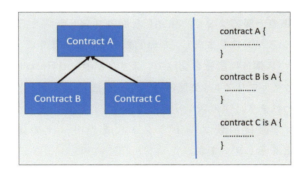

多重継承

　Solidityは多重継承をサポートしています。
　単一継承は多段的に存在する場合があります。一方で，同じ基底コントラクトから複数のコントラクトが派生する場合もあります。この派生コントラクトは，さらに派生されたコントラクトから同時に基底コントラクトとして使用されることがあります。コントラクトがこの2つの子コントラクトを継承すると，次の図に示すように多重継承とみなされます。

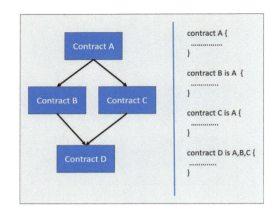

　次のスクリーンショットは，多重継承の例を示しています。この例では，SumContractは基底コントラクトとして振る舞い，MultiContractとDivideContractに派生します。SumContractはSum関数の実装を提供し，MultiContractとDivideContractはそれぞれMultiply関数とDivide関数の実装を提供します。MultiContractとDivideContractは両方ともSubContractで継承されます。SubContractはSub関数の実装を提供しています。clientコントラクトは親子関係の一部ではなく，独立した別のコントラクトです。clientコントラクトはSubContractのインスタンスを生成し，Sum関数を呼び出します。

　SolidityはPythonのパス構成に影響を受けています。Method Resolution Order（MRO）[2]として知られるC3線形化アルゴリズム[3]が使用されて，基底コントラクトの有向グラフに基づいて特定の順序付けが行われます。次のスクリーンショットにあるコード例では，MultiContractはSubContractにとって直接の親コントラクトにあたり，その後にDivideContractとSumContractが続くことを示しています。

---

2 訳注：MROは，多重継承におけるメソッドを探索する場合において，ベースクラスの探索順序を指します。
3 訳注：C3は，多重継承における健全なメソッド解決順序を提供することを目的としたアルゴリズムの名前です。

```solidity
pragma solidity 0.4.19;

contract SumContract {

    function Sum(uint a, uint b) public returns (uint) {
        return  a + b;
    }

}

contract MultiContract is SumContract  {

    function Multiply(uint a, uint b) public returns (uint) {
        return  a * b;
    }

}

contract DivideContract is SumContract  {

    function Divide(uint a, uint b) public returns (uint) {
        return  a / b;
    }

}

contract SubContract is SumContract, MultiContract,DivideContract

    function sub(uint a, uint b) public returns (uint) {
        return  a - b;
    }

}

contract client  {

    function workWithInheritance() public  returns (uint) {
        uint a = 20;
        uint b = 10;
        SubContract subt = new SubContract();
        return subt.Sum(a,b);
    }

}
```

　また，関数名とともにコントラクト名を使用することで，コントラクト固有の関数を呼び出すこともできます。

カプセル化

　カプセル化は，オブジェクト指向プログラミングにおける最も重要な要素の1つです。カプセル化によって，状態変数を直接変更するための操作を隠蔽すること，あるいは許可することが可能です。クライアントは変数に直接アクセスできないようにし，関数を使用してのみ変更できるような変数宣言のパターンが存在します。これは変数へのアクセス制限を意味しますが，同時に，クラスへのアクセスは許可されています。Solidityはコントラクト内で，状態変数の可視性に影響を及ぼすexternal, public, internal, privateなどの可視性修飾子を豊富に提供しており，

継承された子コントラクトや外部コントラクト内に存在する状態変数の可視性に影響を与えます。

多態性（Polymorphism）

多態性には，複数の形式をもつという意味を含んでいます。多態性には次の2種類が存在します。
●関数多態性（Function polymorphism）
●コントラクト多態性（Contract polymorphism）

関数多態性（Function polymorphism）

関数多態性とは，同じ名前で同コントラクト内に複数の関数を宣言すること，または同じ名前をもつコントラクトを継承することを意味します。こういった関数はパラメータのデータ型やパラメータ数が異なります。戻り値の型は，多態性における有効な関数のシグネチャとして考慮されません。関数多態性は**オーバーロード**とも呼ばれています。

次のコードスニペットでは，2つの関数をもつコントラクトを示しており，同じ名前ですが異なる型の入力パラメータをもちます。1つ目のgetVariableData関数はint8型のパラメータを受け取り，2つ目の関数は同じ名前ですがint16の異なる型を受け取ります。次のスクリーンショットに示すように，受け取るパラメータに異なるデータ型をもつ同じ関数名の使用は認められています[4]。

```solidity
pragma solidity ^0.4.19;

contract HelloFunctionPolymorphism
{
    function getVariableData(int8 data) public constant returns(int8 output)
    {
        return data;
    }

    function overloadedFunction(int16 data) public constant returns(int16 output)
    {
        return data;
    }
}
```

コントラクト多態性（Contract polymorphism）

コントラクト多態性とは，複数の交換可能なコントラクトインスタンスを使い分ける手法を意

---

4 訳注：原文例題では説明的にgetVariableDataに対するoverloadedFunctionといった異なる関数名で表現されていますが，実際のオーバーロードでは同じ関数名であることを想定しています。

味しており，継承可能な関連性をもつコントラクトが複数存在する場合に利用されます。基底コントラクトのインスタンスを使用して，派生コントラクトの関数を呼び出す際に，コントラクト多態性が登場します。次に示すコードスニペットにより，この概念を理解してみましょう。

　親コントラクトは，SetIntegerとGetIntegerという2つの関数をもっています。子コントラクトは親コントラクトから継承されており，さらに独自のGetIntegerに対する実装を提供しています。子コントラクトは，ChildContractのデータ型を使用して作成することができ，また親コントラクトのデータ型を使用して作成することもできます。多態性を利用すると，ベースとなる型のコントラクト変数を使用して，親子関係にある任意のコントラクトを使用できます。基底コントラクトか派生コントラクトのどちらの関数が呼び出されるかは，コントラクトインスタンスによって決定されます。

　次のコードスニペットをご覧ください。

```
ParentContract pc = new ChildContract();
```

　このコードは，子コントラクトを作成し，親コントラクトの型をもつ変数にその参照を格納します。次のスクリーンショットに示すように，Solidityにはコントラクト多態性が実装されています。

```solidity
pragma solidity ^0.4.19;

contract ParentContract {

    uint internal simpleInteger;

    function SetInteger(uint _value) public {
        simpleInteger = _value;
    }

    function GetInteger() public view returns (uint) {
        return 10;
    }
}

contract ChildContract is ParentContract {

    function GetInteger() public view returns (uint) {
        return simpleInteger;
    }
}

contract client {

    ParentContract pc = new ChildContract();

    function workWithInheritance() public returns (uint) {
        pc.SetInteger(100);
        return pc.GetInteger();
    }
}
```

オーバーライド

オーバーライドとは，親コントラクトの利用可能な関数を再定義することで，派生コントラクトで同じ名前と関数シグネチャをもたせます。次のコードスニペットではこのオーバーライドの例を示しています。親コントラクトは2つの関数，GetIntegerとSetIntegerをもっています。子コントラクトは親コントラクトを継承していて，関数をオーバーライドすることでGetIntegerの独自実装を提供しています。ここでは，親コントラクトの変数を使用する場合でも，子コントラクトで記述されているGetInteger関数の呼び出しが行われると，子コントラクトの関数が呼び出される例を示しています。これは，コントラクト内のすべての関数が仮想的であり，コントラクトインスタンスに基づいているためです。次のスクリーンショットに示すように，継承された最下層の関数が呼び出されます。

```solidity
pragma solidity ^0.4.19;

contract ParentContract {

    uint internal simpleInteger;

    function SetInteger(uint _value) public {
        simpleInteger = _value;
    }

    function GetInteger() public view returns (uint) {
        return 10;
    }
}

contract ChildContract is ParentContract {

    function GetInteger() public view returns (uint) {
        return simpleInteger;
    }
}

contract client {

    ParentContract pc = new ChildContract();

    function workWithInheritance() public returns (uint) {
        pc.SetInteger(100);
        return pc.GetInteger();
    }
}
```

抽象コントラクト

抽象コントラクトは部分的な関数定義をもつコントラクトです。抽象コントラクトのインスタンスを作成することはできません。抽象コントラクトは子コントラクトによって継承され，その関数を使用する必要があります。抽象コントラクトはコントラクトの構造を定義するのに役立ち

ます。そして，継承するすべてのクラスは，抽象コントラクトの実装を確実に提供する必要があります。子コントラクトによって不完全な関数の実装を提供しない場合は，インスタンスを作成することができません。関数シグネチャはセミコロン「;」を使用して終了します。抽象を意味するキーワードを Solidity は提供していません。実装されていない関数をもつ場合，コントラクトは抽象クラスとして見なされます。

　次に示すスクリーンショットは，抽象コントラクトの実装です。abstractHelloWorld は，定義なしでいくつかの関数を含んでいるので抽象コントラクトです。GetValue と SetValue は，実装されていない関数シグネチャです。定数を返す別の関数がありますが，AddaNumber を記載した目的は，抽象コントラクト内にも実装を含む関数の存在が許されることを示すためです。abstractHelloWorld は，すべての関数の実装を提供する HelloWorld に継承されています。client は，基底コントラクト変数を使用して HelloWorld のインスタンスを作成し，以下に示すようにその関数を呼び出します。

```solidity
pragma solidity 0.4.19;

contract abstractHelloWorld {
    function  GetValue() public view returns (uint);
    function  SetValue(uint _value) public;

    function AddaNumber(uint _value) public returns (uint){
        return 10;
    }

}


contract HelloWorld is abstractHelloWorld{
    uint private simpleInteger;

    function  GetValue() public view returns (uint) {
        return simpleInteger;
    }

    function  SetValue(uint _value) public {
        simpleInteger = _value;

    }

    function AddaNumber(uint _value) public returns (uint){
        return simpleInteger + _value;
    }
}


contract client  {

    abstractHelloWorld myObj ;

    function client(){
        myObj = new HelloWorld();
    }

    function  GetSetIntegerValue() public  returns (uint) {
        myObj.SetValue(100);
        return  myObj.AddaNumber(200);
    }

}
```

インタフェース

　インタフェースは抽象コントラクトによく似ていますが，異なる特徴をもちます。インタフェースには定義を含めることができず，関数宣言のみを定義することができます。つまり，インタフェース内の関数にはコードを含めることができません。これは純粋な抽象コントラクトとして見ることができます。インタフェースは関数のシグネチャのみを含むことができ，状態変数を含めることはできません。他のコントラクトから継承したり，列挙型や構造体を含めたりすることもできません。ただし，インタフェースは他のインタフェースを継承することができます。関数シグネチャはセミコロン「;」で終了します。インタフェースはinterface識別子に続けて宣言されます。次のコード例は，インタフェースの実装を示しています。Solidityはインタフェースを宣言するためのinterfaceキーワードを提供します。IHelloWorldは，GetValueとSetValueの2つの関数シグネチャを含んで定義されています。実装を含む関数はありません。IHelloWorldは，HelloWorldによって実装されています。次のスクリーンショットに示すように，このコントラクトを使用するという意図により，通常通りインスタンスが生成されます。

```solidity
pragma solidity 0.4.19;

interface IHelloWorld {
    function  GetValue() public view returns (uint);
    function  SetValue(uint _value) public;
}


contract HelloWorld is IHelloWorld{
    uint private simpleInteger;

    function  GetValue() public view returns (uint) {
        return simpleInteger;
    }

    function  SetValue(uint _value) public {
        simpleInteger =  _value;

    }
}


contract client {

    IHelloWorld myObj ;

    function client(){
        myObj = new HelloWorld();
    }

    function  GetSetIntegerValue() public  returns (uint) {
        myObj.SetValue(100);
        return  myObj.GetValue();
    }

}
```

まとめ

　本章では，スマートコントラクト，インスタンスを作成するためのさまざまな方法，継承，多態性，抽象化，カプセル化，そしてそれらすべてに関連する重要なオブジェクト指向の概念に焦点を当てました。Solidityでは複数の継承を実装することが可能です。単一継承，多重継承，階層継承，多段継承に加えて，抽象コントラクトとインタフェースの使用法および実装について説明しました。Solidityで継承が行われると，複数のコントラクトではなく，最終的にデプロイされるコントラクトは1つだけになります。親子階層をもつコントラクトで使用できるアドレスは1つだけです。

　次の章では，コントラクト内の関数に焦点を当てていきます。関数は，Solidityコントラクトを効果的に記述する上で核になる部分であり，コントラクトの状態を変更するとき，あるいは参照する際に使用されます。関数がなければ，価値あるスマートコントラクトを記述することは困難です。関数はさまざまな可視性スコープをもち，動作に影響するさまざまな属性を利用することが可能で，そしてEtherの受け取りにも使用されます。次の章では関数にご注目ください。

第7章

関数，修飾子，fallback

　Solidityは十分に成熟した言語であり，ユーザがより良いスマートコントラクトを書くことができるように高度なプログラミング構造を提供しています。この章では，関数，修飾子，fallbackなど，最も重要なスマートコントラクトの構造体のいくつかについて説明します。

　関数は，スマートコントラクトにおいて状態変数の次に重要な要素であり，イーサリアムでトランザクションを作成し独自のロジックを実装するのに役立ちます。関数にはさまざまなタイプがありますが，本章で詳しく説明していきます。

　修飾子は，より容易にスマートコントラクトモジュールの作成を可能にする特別な機能です。fallbackは，コントラクトベースのプログラミング言語特有の概念であり，関数呼び出しがコントラクトの既存の宣言されたメソッドと一致しない場合に実行されます。最後に，すべての関数には，外部呼び出し元，他のコントラクト，および継承されたコントラクトに影響を与える可視性が存在します。

本章で扱う内容
- ●入力パラメータと出力パラメータ
- ●複数のパラメータの戻り値
- ●ビュー関数
- ●純関数
- ●スコープと宣言
- ●可視性とゲッター機能
- ●内部関数呼び出し
- ●外部関数呼び出し
- ●修飾子
- ●fallback関数

関数のインプットとアウトプット

　関数がパラメータと戻り値を指定できない場合，汎用的ではありません。関数は，パラメータと戻り値を使用することで汎用的に使えるようになります。

　パラメータは，関数の実行内容を変更し，異なる実行経路を提供させます。Solidityは，同じ関数内で複数のパラメータを指定することができます。唯一の条件は，識別子が一意に命名されるべきであるということです。次のコードスニペットは，それぞれパラメータと戻り値の構文が異なる複数の関数を示しています。

1. 最初の関数 singleIncomingParameter は，int型の _data という1つのパラメータを受け取り，int型の _output を使用して識別される単一の戻り値を返します。
   関数シグネチャは，入力パラメータと戻り値の両方を定義する構造体を提供します。関数シグネチャ内の returns キーワードは，関数からの戻り値の型を定義します。次のコードスニペットでは，関数コード内の return キーワードが関数シグネチャで宣言された最初の戻り値の型へ自動的にマッピングされます。

   ```
   function singleIncomingParameter(int _data) returns (int _
   output) {
       return _data * 2;
   }
   ```

2. 2番目の関数，multipleIncomingParameter は _data と _data2 の2つのパラメータを受け取ります。これらは両方とも int型で，int型の _output を使用して識別される単一の戻り値を返します。

   ```
   function multipleIncomingParameter(int _data, int _data2)
   returns (int _output) {
       return _data * _data2;
   }
   ```

3. 3番目の関数，multipleOutgoingParameter は，int型の _data という1つのパラメータを受け取り，square と half を使用して識別された2つの戻り値を返します。これらは両方とも int型です。次のコードスニペットに示すように，複数のパラメータを返すことは Solidity 固有のものであり，多くのプログラミング言語には存在しない文法です。

   ```
   function multipleOutgoingParameter(int _data) returns (int
   square, int half)
   ```

```
{
    square = _data * _data;
    half = _data /2 ;
}
```

4. 4番目の関数，multipleOutgoingTupleは前述の3番目の関数に似ています。しかし，戻り値を別個の文や変数として割り当てる代わりに，タプルとして値を返します。タプルは，次のコードスニペットに示すように，複数の変数からなるカスタムデータ構造です。

```
function multipleOutgoingTuple(int _data) returns (int square,
int half)
{
    (square, half) = (_data * _data,_data /2 );
}
```

コントラクトコード全体を以下に示します。

```
pragma solidity ^0.4.19;

contract Parameters {

    function singleIncomingParameter(int _data) returns (int _output) {
        return _data * 2;
    }

    function multipleIncomingParameter(int _data, int _data2) returns (int _output) {
        return _data * _data2;
    }

    function multipleOutgoingParameter(int _data) returns (int square, int half) {
        square = _data * _data;
        half = _data /2 ;
    }

    function multipleOutgoingTuple(int _data) returns (int square, int half) {
        (square, half) = (_data * _data,_data /2 );
    }

}
```

　識別子なしでパラメータを宣言することも可能です。ただし，これらのパラメータは関数コード内から参照できないため，この機能にはあまり効果がありません。同様に，戻り値は名前なしで宣言できます。

修飾子

　修飾子は，Solidityに固有のもう1つの概念であり，関数の動作を変更するのに役立ちます。次の例を参考に修飾子を理解していきましょう。

　次のコードは修飾子を使用しません。このコントラクトでは，2つの状態変数，2つの関数，およびコンストラクタが定義されています。状態変数の1つに，コントラクトをデプロイするアカウントのアドレスが格納されます。

　コンストラクタ内では，グローバル変数msg.senderを使用して，状態変数ownerにアカウント値を入力します。2つの関数は，関数の呼び出し元がコントラクトをデプロイしたアカウントと同じかどうかをチェックします。同じであれば，関数コードが実行され，そうでなければ，残りのコードは無視されます。

　このコードはそのままでも動作しますが，可読性と管理性の面でより優れた記述をすることが可能です。ここで修飾子が役立ちます。この例では，if条件文を使用してチェックが行われます。後の章では，if文を使わずに同じチェックを実行する方法として，新しいSolidity構文（requireやassertなど）を使用する方法を見ていきます。以下において，修飾子に関するコードスニペットを見てください。

```solidity
pragma solidity ^0.4.17;

contract ContractWithoutModifier {

    address owner;
    int public mydata;

    function ContractWithoutModifier(){
        owner = msg.sender;
    }

    function AssignDoubleValue(int _data) public  {
        if(msg.sender == owner) {
            mydata = _data * 2;
        }
    }

    function AssignTenerValue(int _data) public  {
        if(msg.sender == owner) {
            mydata = _data * 10;
        }
    }

}
```

修飾子は関数の動作を変更する特別な機能です。ここでは関数のコードは同じままですが，関数の実行パスが変わります。修飾子は関数にのみ適用できます。次のスクリーンショットに示すように，修飾子を使用して同じコントラクトを作成する方法を見てみましょう。[1]

```solidity
pragma solidity ^0.4.17;

contract ContractWithModifier {

    address owner;
    int public mydata;

    function ContractWithoutModifier(){
        owner = msg.sender;
    }

    modifier isOwner {
        // require(msg.sender == owner);
        if(msg.sender == owner) {
            _;
        }
    }

    function AssignDoubleValue(int _data) public isOwner {
            mydata = _data * 2;
    }

    function AssignTenerValue(int _data) public  {
            mydata = _data * 10;
    }

}
```

　ここに示すコントラクトには，コンストラクタ，2つの状態変数，2つの関数があります。また，修飾子キーワードを使用して定義された特別な機能が追加されています。

　AssignDoubleValue関数とAssignTenerValue関数の両方の関数コードは，機能が類似していますが別物です。これらの関数は，if条件を使用して，関数の呼び出し元がコントラクトをデプロイしたアカウントと同じかどうかをチェックしません。代わりに，関数シグネチャの中に修飾子名で修飾されています。

　Solidity内での修飾子の構造およびその使用法を紐解いていきましょう。

　修飾子は，修飾子キーワードと識別子を使用して定義されます。修飾子のコードは中括弧の中に置かれます。修飾子内のコードは入力値を検証し，評価後に呼び出された関数を条件付きで実行できます。_ 識別子は特に重要です。_ 識別子は，呼び出し元の関数コードに置き換える目的

---

1 訳注：原文例題の下から4行目のAssignTenervalueには，isOwner修飾子が抜けているので，publicに次いでisOwnerの記載が必要です。

133

で使用されます。呼び出し元がisOwner修飾子で修飾されたAssignDoubleValue関数を呼び出すと，修飾子は実行の制御を受け取り，_ 識別子を呼び出された関数コード，つまりAssignDoubleValueに置き換えます。

最終的に，EVMでは，修飾子は実行時に次のようなコードになります。

```
modifier isOwner {
// require(msg.sender == owner);
if(msg.sender == owner) {
mydata = _data * 2;
}
}
```

同じ修飾子を複数の関数に適用することができ，_ 識別子を呼び出された関数コードに置き換えることができます。これにより，より洗練された，読みやすい，メンテナンス可能なコードを書くことができます。開発者は，すべての関数で同じコードを繰り返し，関数を実行するときに入力値をチェックする必要はありません。

ビュー，定数，純関数

Solidityは，ビュー（view），純（pure），定数（constant）などの特殊な修飾子を提供します。これらは，イーサリアムのグローバルな状態内で許容される変更の範囲を定義するため，**状態可変性**属性とも呼ばれます。これらの修飾子の目的は前述のものと同様ですが，若干の違いがあります。この節では，これらのキーワードの使用方法について詳しく説明します。

スマートコントラクト関数の作成は，主に次の3つのアクティビティに役立ちます。

- 状態変数の更新
- 状態変数の読み取り
- ロジックの実行

関数とトランザクションの実行にはGasがかかり，無料ではありません。すべてのトランザクションは，その実行に基づいて特定の量のGasを必要とし，呼び出し元がそのGasを供給して正常に実行する必要があります。これは，トランザクションやイーサリアムのグローバルな状態を変更するすべてのアクティビティに当てはまります。

状態変数を読み込んだり返すだけの関数があり，これらは他のプログラミング言語のゲッター（getter）関数と似ています。彼らは状態変数の現在の値を読み取り，値を呼び出し側に返します。これらの関数は，イーサリアムの状態を変更しません。

イーサリアムのドキュメント（https://solidity.readthedocs.io/en/v0.4.21/contracts.html）には，状態を変更するものに関して以下の構文が含まれています。

第7章　関数，修飾子，fallback

●状態変数への書き込み

●イベントの発生

●他のコントラクトの作成

● selfdestruct の使用

●呼び出しによる Ether の送信

●ビューまたは純関数の明示がない関数の呼び出し

●低レベルでの call の実行

●特定のオペコードを含むインラインアセンブリの使用[2]

Solidity の開発者はビュー修飾子で対象の関数をマークして，イーサリアムの状態や以前に定義したアクティビティを変更しないことを EVM に伝えることができます。現在のところ，ビュー関数は強制されるものではありませんが，将来的に強制される予定です。ビュー関数の例を以下に示します。

```solidity
pragma solidity ^0.4.17;

contract ViewFunction {

    function GetTenerValue(int _data) public view returns (int)  {
            return _data * 10;
    }

}
```

状態を変更せずに値を返す関数がある場合は，ビュー関数でマークすることができます。ビュー関数は定数関数（constant functions）とも呼ばれます。定数関数は，以前のバージョンの Solidity で使用されていました。

純関数は状態可変性を制限するという目的は同じですが，ビュー関数と比較した場合，状態可変性に関してより制限が加わります。純関数も執筆時点では強制されていませんが，将来的には強制が予想されています。純関数は，ビュー関数により制限を加えます。例えば，純関数はイーサリアムの現在の状態を読み込むことさえできません。つまり，純関数は，イーサリアムのグローバル状態への読み書きを許可しません。イーサリアムのドキュメントによれば，許可されていないアクティビティには，他に以下が含まれます。

●状態変数からの読み込み

● this.balance または <address>.balance へのアクセス

● block, tx, および msg のメンバー（msg.sig と msg.data を除く）へのアクセス

---

2 訳注：Solidity では，Ethereum Virtual Machine（EVM）に直接アクセスするなどの用途に対応するため，アセンブリ言語によるコードの記述が可能となっている。参考：https://solidity.readthedocs.io/en/v0.5.8/assembly.html

- ●純関数の明示がない関数の呼び出し
- ●特定のオペコードを含むインラインアセンブリの使用

前の関数は，次のスクリーンショットでは純関数として書き直されています。

```solidity
pragma solidity ^0.4.17;

contract PureFunction {

    function GetTenerValue(int _data) public pure returns (int)  {
            return _data * 10;
    }

}
```

address関数

データ型に関して述べた３章では，アドレスデータ型に関連する関数については意図的に説明していませんでした。３章ですでに触れられている点もありますが，これらの関数の中にはfallback関数を自動的に実行できるものがあるため，ここでも触れておきます。

アドレスは５つの機能と１つのプロパティを提供します。アドレスによって提供される唯一のプロパティはbalanceプロパティです。これは，以下のコードスニペットに示すように，アカウント（コントラクトまたは個人）で利用可能な残高をwei単位で提供します。

      `<<account>>.balance ;`

このコードでは，accountは有効なイーサリアムアドレスであり，wei単位で利用可能な残高を返します。次にアカウントで提供されるメソッドを見てみましょう。

sendメソッド

sendメソッドは，Etherをコントラクトまたは個人所有のアカウントに送信するために使用されます。sendメソッドを示す次のコードを見てください。

      `<<account>>.send(amount);`

send関数では変更できない固定のGas限界値として2,300Gasが設定されます。この値はコントラクトアドレスに金額を送るときに特に重要ですが, 個人の外部アカウントに送金するには, この量のGasで十分です。

send関数は，真偽値を戻り値として返します。この場合，例外は返されず，関数からfalseが返されます。すべてが実行されると，関数からtrueが返されます。sendがコントラクトアドレスとともに使用されると，コントラクト上のfallback関数が呼び出されます。fallback関数

については次の節で詳しく説明します。send関数の例を見てみましょう。

```
function SimpleSendToAccount() public returns (bool) {
    return msg.sender.send(1);
}
```

　この例では，Send関数はSimpleSendToAccount関数の呼び出しを元に1 weiを送信しました。なお，msg.senderについては4章ですでに学んできました。

　sendは低レベルの関数であり，呼び出し元のコントラクト内で何度も再帰的にコールバックする可能性があるfallback関数を呼び出す可能性があるため，注意して使用する必要があります。

　以下のスクリーンショットに示すように，Check-Deduct-Transfer（CDF），またはCheck-Effects-Interaction（CEI）として知られているパターンがあります。このパターンでは，残高はマッピング内で維持されると想定されています。以下のように，マッピングはアドレスとそのアドレスに紐づく残高で構成されています。

```
mapping (address => uint) balance;

function SimpleSendToAccount(uint amount) public returns (bool) {
    if(balance[msg.sender] >= amount ) {
        balance[msg.sender] -= amount;
        if (msg.sender.send(amount) == true) {
            return true;
        }
        else {
            balance[msg.sender] += amount;
            return false;
        }
    }
}
```

　この例では，最初に，関数の呼び出し元が資金を引き出すのに十分な残高をもっているかどうかがチェックされます。もしあれば，既存の残高から金額を減らしてsendメソッドを呼び出すことができます。次に，送信が成功したことのチェックを行い，失敗していれば残高を元に戻します。

　多くの文献で，send関数を廃止すべきと主張されていることは注意すべきですが，私はそうは思いません。複数のアカウントに金額を送信するなど，send関数の特定の使用法はまだあるためです。ただし，あるアカウントから別のアカウントにEtherを送金するために新しくtransfer関数が導入されました。transfer関数は，他のコントラクトやアカウントに，特定の引き出しメソッドを呼び出すように依頼するうえで，より良い方法となります。

transferメソッド

transferメソッドはsendメソッドと似ており，アドレスにEtherかWeiを送る役割を担っています。ただし，ここでの違いは，実行が失敗した場合，falseを返す代わりにtransferによって例外が発生し，すべての変更が破棄されることです。次のスクリーンショットを見てみましょう。

```
function SimpleTransferToAccount() public  {
    msg.sender.transfer(1);
}
```

エラーが発生した場合は例外が発生し，スタック内で例外が発生して実行が停止するため，transferメソッドはsendメソッドよりも優先されます。

callメソッド

callメソッドは開発者の間で多くの混乱をもたらしました。web3.ethオブジェクトを通して利用可能なcallメソッドのほかに，<<address>>.call関数も存在するのですが，これら2つの関数は目的が異なるからです。

web3.ethのcallメソッドは，それが接続されているノードに対してのみ呼び出しを行うことができ，読み取り専用操作です。イーサリアムの状態を変更することは許可されていません。トランザクションを発生させず，Gasも消費しません。純関数，定数関数，およびビュー関数を呼び出すために使用されます。

一方，アドレスデータ型で提供されるcall関数は，コントラクト内で使用可能な任意の関数を呼び出すことができます。コントラクトのインタフェース（より一般的にはABIと呼ばれる）が利用できない場合があるので，関数を呼び出す唯一の方法は呼び出しメソッドを使用することです。このメソッドはABIに準拠していないため，必要に応じて任意の関数を呼び出すことができます。呼び出す関数が有効であるかどうかのコンパイラによるチェックはなく，trueまたはfalseの実行結果を返却するだけです。

チェックや検証が含まれていないため，callメソッドを使用してコントラクト内の関数を呼び出すことは理想的な方法ではないことに注意してください。

コントラクト内のすべての関数は，実行時に4バイトのIDを使用して識別されます。この4バイトのIDは，そのパラメータ型とともに関数名の縮小されたハッシュ値です。

関数名とパラメータ型をハッシュ化した後，最初の4バイトは関数IDと見なされます。call関数はこれらのバイトを受け取り，最初のパラメータとして関数を呼び出し，後続のパラメータとして実際のパラメータ値を呼び出します。

以下のコードでは，関数パラメータのない呼び出し関数を示しています。ここで，SetBalanceはパラメータを取りません。

```
myaddr.call(bytes4(sha3("SetBalance()")));
```

関数パラメータをもつ呼び出し関数を，次のコードスニペットに示します。ここで，SetBalanceは単一のuintパラメータを取ります。

```
myaddr.call(bytes4(sha3("SetBalance(uint256)")), 10);
```

また前節で触れたsend関数は，内部的にGas値を0に設定した状態でcall関数を呼び出すことと同義であることは注目すべき点です。次のコード例は，この関数を使用するすべての可能な方法を示しています。

この例では，次の2つの単純な関数を使ってEtherBoxという名前のコントラクトが作成されます。

● SetBalance：これは単一の状態変数をもち，すべての呼び出しで状態変数の既存の値に10を加えることが関数の目的です。

● GetBalance：この関数は状態変数の現在の値を返します。

usingCallという名前の別のコントラクトは，call関数を介してEtherBoxコントラクトのメソッドを呼び出すために作成されます。以下の例を見てみましょう。

1. SimpleCall：この関数はEtherBoxコントラクトのインスタンスを作成し，それをアドレスに変換します。このアドレスを使用して，EtherBoxコントラクトでSetBalance関数を呼び出すためにcall関数が使用されています。

2. SimpleCallWithGas：この関数はEtherBoxコントラクトのインスタンスを作成し，それをアドレスに変換します。このアドレスを使用して，EtherBoxのSetBalance関数を呼び出すためにcall関数が使用されています。呼び出しと並行して，Gasも一緒に送信されるので，それがより多くのGasを必要とする場合，関数実行は完了することができます。

3. SimpleCallWithGasAndValue：この関数はEtherBoxコントラクトのインスタンスを作成し，それをアドレスに変換します。このアドレスを使用して，EtherBoxのSetBalance関数を呼び出すためにcall関数が使用されています。呼び出しと並行して，Gasも一緒に送信されるので，それがより多くのGasを必要とする場合，関数実行は完了することができます。Gasとは別に，支払い可能な機能にEtherまたはWei

を送信することも可能です。

次のスクリーンショットで上記の関数を見てみましょう。

```solidity
pragma solidity ^0.4.17;

contract EtherBox {
    uint balance;

    function SetBalance() public {
        balance = balance + 10;
    }

    function GetBalance() public payable returns(uint) {
        return balance;
    }
}

contract UsingCall {
    function UsingCall() public payable  {
    }

    function SimpleCall() public returns (uint) {
        bool status = true;
        EtherBox eb = new EtherBox();
        address myaddr = address(eb);
        status =   myaddr.call(bytes4(sha3("SetBalance()")));
        return eb.GetBalance();
    }

    function SimpleCallwithGas() public returns (bool) {
        bool status = true;
        EtherBox eb = new EtherBox();
        address myaddr = address(eb);
        status =   myaddr.call.gas(200000)(bytes4(sha3("GetBalance()")));
        return status;
    }

    function SimpleCallwithGasAndValue() public returns (bool) {
        bool status = true;
        EtherBox eb = new EtherBox();
        address myaddr = address(eb);
        status =   myaddr.call.gas(200000).value(1)(bytes4(sha3("GetBalance()")));
        return status;
    }
}
```

callcode メソッド

この関数は非推奨であり，ここでは説明しません。詳細については，http://solidity.readthedocs.io/en/develop/introduction-to-smart-contracts.html を参照してください。

delegatecall メソッド

　この関数も，呼び出し側の状態変数を使用して別の規約内の関数を呼び出す責任を負う低レベル関数です。一般に，Solidityのライブラリと一緒に使われます。詳細については，http://solidity.readthedocs.io/en/develop/introduction-to-smart-contracts.html を参照してください。

fallback関数

　fallback関数はイーサリアムでのみ利用可能な特別な種類の関数です。Solidityではfallback関数を簡潔に書くことができます。Solidity開発者として，あなたがその関数を呼び出すことによってスマートコントラクトを使用している状況を想像してください。そのコントラクト内に存在しない関数名を使用する可能性は大きいです。そうした場合，fallback関数が自動的に呼び出されます。

　関数名が呼び出された関数と一致しない場合は，fallback関数が呼び出されます。fallback関数には識別子または関数名はなく，名前なしで定義されています。明示的に呼び出すことはできないので，引数を受け入れたり，値を返したりすることはできません。fallback関数の例は次のとおりです。

```solidity
pragma solidity ^0.4.17;

contract FallbackFunction {

    function () {
        var a = 0;
    }

}
```

　コントラクトがEtherを受信したときにfallback関数を呼び出すこともできます。これは通常，あるアカウントからコントラクトにEtherを送信するためにweb3で利用可能なSendTransaction関数を使用して起こります。しかしながら，この場合，fallback関数はpayableであり，そうでなければそれはEtherを受け入れることができず，エラーを発生させるでしょう。

　次に考えるべきは，この関数を実行するためにどれだけのGasが必要かということです。明示的に呼び出すことはできないので，Gasをこの関数に送ることはできません。代わりに，EVMはこの関数に2,300Gasを割りあてます。この制限を超えるGasの消費は例外を発生させ，

元の関数と一緒に送られたすべてのGasを消費した後に状態はロールバックされます。したがって，2,300を超えるGasを消費しないように，fallback関数をテストすることが重要です。

　fallback関数がスマートコントラクトにおけるセキュリティ低下の最も大きな原因の1つであることも注意が必要です。本番環境にコントラクトをリリースする前に，セキュリティの観点からこの関数をテストすることが非常に重要です。それでは，例を見ながらfallback関数を理解していきましょう。

　アドレスデータ型のcall関数の説明時と同じ例を使用します。しかし今回は，EtherBoxのコントラクトに，そのイベントの発生のためだけに使用するpayable fallback関数と無効な関数を呼び出す追加の関数を実装しました。イベントも関数内で宣言されています（イベントについては次の章で詳しく見ていきます）。

　次頁のスクリーンショットに示すように，UsingCallコントラクトの各メソッドを実行すると，誤った関数の呼び出し方以外ではfallback関数が呼び出されないことに注意してください。

　fallback関数は，sendメソッド，web3のSendTransaction関数，transferメソッドを用いた時にも呼び出されます。

まとめ

　この章はアドレス機能や純関数，定数関数，ビュー関数など，主に関数に焦点を当てたボリュームのある章でした。アドレス関数は，特にそれらの複数のバリエーションとfallback関数との関係を考慮すると理解しづらい点があります。fallback関数を実装する場合は，特にセキュリティの観点から，テストに注意を払うようにしてください。また，send，call，transferなどの低レベルのSolidity関数がfallback関数を暗黙的に呼び出すため，それらを使用する場合にも特に注意が必要です。データ型とともに適切な関数が確実に呼び出されるように，必ずABIを使用するコントラクト関数を使用してください。次の章では，Solidityのイベント，ロギング，そして例外処理の世界を深く掘り下げます。

142　　　第7章 関数，修飾子，fallback

```solidity
pragma solidity ^0.4.17;

contract EtherBox {
    uint balance;
    event logme(string);

    function SetBalance() public {
        balance = balance + 10;
    }

    function GetBalance() public payable returns(uint) {
        return balance;
    }

    function() payable {
        logme("fallback called");
    }
}

contract UsingCall {
    function UsingCall() public payable  {
    }

    function SimpleCall() public returns (uint) {
        bool status = true;
        EtherBox eb = new EtherBox();
        address myaddr = address(eb);
        status =   myaddr.call(bytes4(sha3("SetBalance()")));
        return eb.GetBalance();
    }

    function SimpleCallwithGas() public returns (bool) {
        bool status = true;
        EtherBox eb = new EtherBox();
        address myaddr = address(eb);
        return status =   myaddr.call.gas(200000)(bytes4(sha3("GetBalance()")));
    }

    function SimpleCallwithGasAndValue() public returns (bool) {
        bool status = true;
        EtherBox eb = new EtherBox();
        address myaddr = address(eb);
        return status =   myaddr.call.gas(200000).value(1)(bytes4(sha3("GetBalance()")));
    }

    function SimpleCallwithGasAndValueWithWrongName() public returns (bool) {
        bool status = true;
        EtherBox eb = new EtherBox();
        address myaddr = address(eb);
        return myaddr.call.gas(200000).value(1)(bytes4(sha3("GetBalance1()")));
    }
}
```

第8章

例外，イベント，ロギング

　コントラクトを記述することが，Solidityの基本的な目的です。しかし，そのためには正しいエラー記述と例外処理が必要になります。エラーと例外はプログラミングにおいて標準的な機能であり，Solidityはその両方を管理するための十分なインフラストラクチャを備えています。適切なエラーと例外管理を備えた堅牢なコントラクトを作成することは，最重要事項の1つといえます。

　Solidityの構成要素としてもう1つ重要なものに，イベントがあります。これまでのトピックにおいて，コントラクトの関数を呼び出す呼び出し元については見てきましたが，コントラクトが呼び出し元やその他周辺に対して状態変化等を通知するメカニズムに関しては言及してきませんでした。ここでイベントが使用されます。イベントは，プログラム内の変更に基づいて，呼び出し側に変更の通知を能動的に行うイベント駆動型プログラムです。呼び出し元は，この情報を自由に使用することも無視することもできます。最終的に，例外とイベントはおおむねどちらも，EVMが提供するロギング機能を使用しています。

本章で扱う内容
- Solidityにおける例外ハンドリングの理解
- requireを使用したエラーハンドリング
- assertを使用したエラーハンドリング
- revertを使用したエラーハンドリング
- イベントの理解
- イベントの宣言
- イベントの使用
- ログの記述

エラーハンドリング

コントラクトの記述中にエラーが誤って埋め込まれることはよくあるため，堅牢なコントラクトを記述する習慣を意識する必要があります。エラーはプログラミングの世界においてよくあることであり，エラーのないコントラクトを書くことは望ましいスキルです。エラーは設計時や実装時に発生します。Solidityはバイトコードにコンパイルされ，コンパイル中に構文エラー等の設計レベルの確認が行われます。しかし，実行時エラーは検出が困難であり，一般的にコントラクトの実行中に発生します。実行時エラーの可能性を考慮してコントラクトをテストすることは重要なことですが，設計時および実行時エラーの両方に対処できるよう堅牢なコントラクトを記述することの方がより大切です。

実行時エラーの例としては，Gas不足エラー（out-of-gasエラー），ゼロ除算エラー，データ型オーバーフローエラー，配列の範囲外のインデックスにアクセスすることによるエラー（out-of-indexエラー）などがあります。

Solidityのバージョン4.10までは，エラー処理に利用できる単一のthrow文が存在しました。開発者は，値をチェックしてエラーが発生した場合にスローするために，if...else文を複数記述する必要がありました。throw文では，提供されたGasをすべて消費して元の状態に戻ります。未使用のGasは呼び出し元に返されるべきであり，アーキテクトや開発者にとって理想的なものではありません。

Solidityのバージョン4.10から，assert，require，およびrevert文といった新しいエラー処理構文が導入され，throw文は廃止されました。この節では，これらのエラー処理構文について見ていきます。エラーや例外をキャッチするtry...catch文などの構文が存在しないことに注目しましょう。

require文

requireという語は制約を表します。require文を宣言することは，関数を実行するための前提条件を宣言することを意味しています。つまり，次のコード行を実行する前に，満たすべき制約を宣言しているということです。

require文は，単一の引数を要求します。trueまたはfalseの真偽値に評価される構文が偽であった場合，例外が発生して実行は停止します。未使用のGasは呼び出し元に戻され，状態は元に戻ります。require文は状態を元に戻して未使用のGasを返却することを表すrevertオペコードとなります。次のコードはrequire文の使用方法を示しています。

146　第8章　例外，イベント，ロギング

```solidity
pragma solidity ^0.4.19;

contract RequireContract {

    function ValidInt8(uint _data) public returns(uint8){
        require(_data >= 0);
        require(_data <= 255);

        return uint8(_data);
    }

    function ShouldbeEven(uint _data) public returns(bool){
        require(_data % 2 == 0);
        return true;
    }

}
```

上記に表示されている機能を見てみましょう。

1. ValidInt8：この関数は2つのrequire文を使用します。1つ目のrequire文では，引数が0以上の値であることを確認しています。この文がtrueであれば，次の文が実行されます。この文がfalseの場合，例外がスローされて実行が停止します。2つ目のrequire文は，引数が255以下であるかどうかを確認しています。255より大きい場合，文はfalseと評価され，例外がスローされます。

2. ShouldbeEven：この関数も同様で，requireは引数が偶数か奇数かをチェックします。引数が偶数の場合，実行は次の文に進みます。そうでない場合は，例外がスローされます。

require文は，関数に送られるすべての引数と値を検証するために利用されるべきです。つまり，別のコントラクトから関数を呼び出すとき，あるいは同じコントラクト内の関数が呼び出されたときも，require機能を使用して入力値をチェックする必要があります。require関数により，変数が使われる前に現在の変数の状態をチェックするべきです。requireが例外をスローする場合，関数に渡された値が期待されていないものであったことを意味しているため，呼び出し側はコントラクトに送る前に値を修正する必要があります。

assert文

assert文はrequire文と似た構文です。真または偽である文を受け入れ，その結果に基づき実行が次の文に進むか，あるいは例外をスローするかを決定します。未使用のGasは呼び出し元には戻されず，代わりに供給したすべてのGasがassertによって消費されます。状態は元に戻ります。assert関数は状態を元に戻し，Gas全量を消費することを表すinvalidオペコードとなります。

先ほどの関数で登場した変数を加算するよう拡張します。ただし，2つの変数を加算するとオーバーフロー例外が発生する可能性があることに注意してください。これはassert文を使って検

証できます。trueが返されると値が返却され，それ以外の場合は例外がスローされます。

　次のスクリーンショットは，assert関数の使い方を示しています。

```solidity
pragma solidity ^0.4.19;

contract AssertContract {

    function ValidInt8(uint _data) public returns(uint8){
        require(_data >= 0);
        require(_data <= 255);

        uint8 value = 20;

        //checking datatype overflow
        assert (value + _data <= 255);

        return uint8(value + _data);
    }
}
```

　外部から渡される値にはrequireを使用する必要がありますが，実行前に関数とコントラクトにおける現在の状態を検証するにはassertを使用する必要があります。assertは予測できないランタイム例外を扱うものとして考えてください。現在の状態に矛盾が生じ，実行を継続しないようにする必要があると思われる場合は，assert文を使用してください。

revert文

　revert文はrequire関数とよく似ています。ただし，文を評価することはせず，状態や文に依存することもありません。revert文がヒットすると，未使用Gasの返却とともに例外がスローされ，元の状態に戻ります。

　次の例では，if条件を使用して入力値がチェックされると例外がスローされます。if条件の評価結果が偽の場合，元に戻す関数を実行します。次に示すように，例外が発生して実行が停止します。

```solidity
pragma solidity ^0.4.19;

contract RevertContract {

    function ValidInt8(int _data) public returns(uint8){

        if(_data < 0 || _data > 255) {
            revert();
        }

        return uint8(_data);
    }
}
```

イベントとロギング

　この節ではイベントについて詳しく触れていきます。イベントはイベント単位で開発するプログラマにとっては馴染み深いものでしょう。イベントとはコントラクト内で発生する特定の変更を指しており，互いに関数を実行できるように通知を送り合います。

　イベントは非同期アプリケーションを記述する場合に便利です。イーサリアム台帳を継続的にポーリングしてトランザクションの発生を検知し，特定の情報を取得する代わりに，イベントを使用することで同じ目的を達成できます。イーサリアムプラットフォームではイベントが発生したかどうかをクライアントに通知します。これはコードを書くうえで助けとなり，また，リソースの節約につながります。

　イベントはコントラクト継承の一部であり，子コントラクトはイベントを呼び出すことができます。イベントデータはブロックデータとともに格納されます。次のスクリーンショットに示すように，`logsBloom`値はイベントデータです。

　Solidityでイベントを宣言することは，関数を実行することと非常に似ています。しかし，イベントには本体がありません。次のコードに示すように，単純なイベントは，`event`キーワードに続けて識別子と，イベントとともに送信したいパラメータを指定することで宣言できます。

```
event LogFunctionFlow(string);
```

　前のコードより，`event`はイベントを宣言するためのキーワードで，その後に名前と，イベントとともに送信される一連のパラメータが続きます。`LogFunctionFlow`イベントでは任意の文字列テキストを送信できます。

　イベントはとても簡単に使用できます。イベント名を使用してイベントを呼び出し，イベントが期待する引数を渡します。`LogFunctionFlow`イベントの場合，呼び出しは次のようになります。これは，パラメータを使用した関数呼び出しに似ています。

```
LogFunctionFlow("I am within function x");
```

次のコードスニペットでは，イベントの使用例を示しています。この例では，イベント LogFunctionFlow は文字列を唯一のパラメータとして宣言しています。同じイベントが ValidInt8関数から複数回呼び出され，関数内のさまざまなステップでテキスト情報を提供します。

```solidity
pragma solidity ^0.4.19;

contract EventContract {

    event LogFunctionFlow(string);

    function ValidInt8(int _data) public returns(uint8){
        LogFunctionFlow("Within function ValidInt8");

        if(_data < 0 || _data > 255) {
            revert();
        }

        LogFunctionFlow("Value is within expected range");
        LogFunctionFlow("Returning value from function");

        return uint8(_data);
    }
}
```

このコントラクトをRemixで実行すると結果が表示され，次のスクリーンショットに示すように，3つのログとイベント情報が含まれます。

```
logs    [
            {
                "topic": "b5b850034705238ab6360bdc803e9e3dcaaf926c812b20193e2e99a5918d47b0",
                "event": "LogFunctionFlow",
                "args": [
                    "Within function ValidInt8"
                ]
            },
            {
                "topic": "b5b850034705238ab6360bdc803e9e3dcaaf926c812b20193e2e99a5918d47b0",
                "event": "LogFunctionFlow",
                "args": [
                    "Value is within expected range"
                ]
            },
            {
                "topic": "b5b850034705238ab6360bdc803e9e3dcaaf926c812b20193e2e99a5918d47b0",
                "event": "LogFunctionFlow",
                "args": [
                    "Returning value from function"
                ]
            }
        ]
```

イベントはweb3を利用することで，カスタムアプリケーションや分散アプリケーションにおいても監視することが可能です。

イベントはパラメータ名を使用してフィルタ処理が可能です。

次の2つの方法でイベントを監視できます。

1. **個々のイベントを監視する**：この方法では，web3を使用して，コントラクトから個々のイベントを監視し追跡することが可能です。イベントがコントラクトから発生したタイミングで,web3クライアントの関数が実行されます。次のスクリーンショットに，個々のイベントを監視する例を示します。ここで，ageReadは監視している注目対象のイベント名です。ブロック番号25000から最新のブロックまでを読み込みました。まず，ageReadイベントへの参照が作成され，ウォッチャーにその参照が追加されます。ウォッチャーは，ageReadイベントが発生するたびに実行されるpromise関数をもっています。

```
var myEvent = instance.ageRead({fromBlock: 25000, toBlock: 'latest'});
myEvent.watch(function(error, result){
    if(error) {
        console.log(error);
    }
    console.log(result.args)
});
```

2. **すべてのイベントを監視する**：この方法では，web3を使用してコントラクトからのすべてのイベントを監視および追跡できます。コントラクトから何らかのイベントが発生すると，それに応じてweb3クライアントの関数へ通知され実行します。このケースでは，イベント名を使用してイベントをフィルタリング可能です。次のスクリーンショットに，すべてのイベントを監視する例を示します。ここでは，コントラクトから発生するすべてのイベントが観測される対象です。ブロック番号25000から最新のブロックまでを読み込みました。まず,allEventsへの参照が作成され,ウォッチャーにその参照が追加されます。ウォッチャーは，何らかのイベントが発生したときに必ず実行されるpromise関数をもっています。

```
var myEvent = instance.allEvents({fromBlock: 24000, toBlock: 'latest'});
myEvent.watch(function(error, result){
    if(error) {
        console.log(error);
    }
    console.log(result)
});
```

イベントから返されたオブジェクトの値は，次のスクリーンショットに表示されています。

```
{ address: '0x600c320dd768fb55f03748d4d4028db2cafc06a9',
  blockNumber: 24864,
  transactionHash: '0x38ca3d4b40f8e75d27ab3950234d837e96dbdd086178f139c4e675dc6531ee15',
  transactionIndex: 0,
  blockHash: '0x778b9a9a89b4609475dcc52d4c60de44254c24f8356b4886496488f57761ca0c',
  logIndex: 0,
  removed: false,
  event: 'ageRead',
  args: { '': '33' } }
```

まとめ

　この章では，例外処理とイベントについて説明しました。特にイーサリアムプラットフォームで重要な分散型アプリケーションを作成する場合，これらはSolidityにおける重要なトピックになります。Solidityの例外処理は，assert，require，revertという3つの関数を使って実装されています。これらは似ているように見えますが，目的が異なり，この章で例を挙げて解説してきました。イベントは私たちがスケーラブルなアプリケーションを書く上で重要な要素です。データを取得するために，プラットフォームに対して継続的なポーリングを行いリソースを無駄にするのではなく，イベントとして記述して非同期的に関数を実行する方が得策です。これについても言及してきました。

　次の章では，イーサリアムプラットフォームのアプリケーション開発において，最も人気のあるプラットフォームの1つであるTruffleの使用に焦点を当てていきます。ご期待ください。

第9章

Truffleの基礎と単体テスト

　プログラミング言語は,開発を容易にするツールを豊富に含んだエコシステムを必要とします。他のアプリケーションと同様に，ブロックチェーンベースの分散型アプリケーションでも，最小限の**アプリケーションライフサイクル管理**[1]プロセスが必要です。どのようなアプリケーションでも，ビルド，テスト，およびデプロイのプロセスを継続的に行うことが重要です。

　Solidityはプログラミング言語であり，開発者がコントラクトをデプロイしてテストするという面倒なプロセスを経るのではなく，簡単にコントラクトを開発，構築，テスト，およびデプロイできるようにするためのサポートが必要です。これにより生産性が向上し，最終的にはアプリケーションをより早く，より良く，そしてより低コストで市場に投入することができます。そのようなツールの助けを借りて，スマートコントラクトのためのDevOps[2]を導入することも可能です。Truffleはそうした活動を容易にするための開発，テストおよびデプロイ用のユーティリティです。

本章で扱う内容	●アプリケーション開発ライフサイクル管理
	●Truffleの理解とインストール
	●Truffleでのコントラクトの開発
	●Truffleでのコントラクトのテスト

---

1 訳注：アプリケーションライフサイクル管理とはソフトウェア開発・保守を各アプリケーションのライフサイクルにわたって継続的にプロセス管理をする考え方です。
2 訳注：DevOpsは開発（Development）と運用（Operations）を組み合わせた言葉で，開発チームと運用チームが密接に連携することで，システム開発効率を上げようとする手法のことです。

アプリケーション開発ライフサイクル管理

　前述のように，すべての本格的なアプリケーションにはいくつかの開発プロセスがあり，通常は，設計，構築，テスト，およびデプロイが含まれます。

　コントラクトにおけるアプリケーション開発ライフサイクル管理は，他のソフトウェアやプログラミング開発のライフサイクルと変わりません。コントラクト開発の最初のステップは，検討中の問題に関して，要件を取りまとめ確定することです。要件は，分散型アプリケーションの開始アクティビティを形成します。要件には，問題の整理，ユースケース，および詳細なテスト戦略が含まれています。

　システム設計者は，機能的および技術的要件をインプットした後，アプリケーションのアーキテクチャとデザインを作成します。彼らはまた，他の人が理解しやすい表記法を使ってそれらを文書化します。プロジェクト開発チームはこれらのアーキテクチャと設計の文書を受け取り，機能とスプリントに分解します。

　開発チームはこの文書に基づいてコントラクトやその他の成果物の構築に取り組みます。コントラクトは，テストのため，および技術的にも機能的にも動作状態にあることを確認するために，テスト環境に頻繁にデプロイされます。コントラクトは単体テストで機能を独立してチェックします。ユニットテストに失敗した場合は，ビルドとテストのプロセス全体を繰り返す必要があります。最後に，すべての成果物が実稼働環境にデプロイされます。

　このように，アプリケーションライフサイクル管理は複雑なプロセスであり，開発者側ではかなりの時間と生産性を消費する可能性があります。このプロセスを容易にするのに役立つツールと自動化を導入する必要性があり，それがユーティリティとしてのTruffleの最大の強みです。

Truffle

　Truffleは，開発，デプロイ，テストのスピードを上げ，開発者の生産性を向上させるのに役立つアクセラレータです。それは特にイーサリアムベースのコントラクトとアプリケーション開発のために構築されています。Truffleの最新バージョンは4です[3]。これは，DevOps，継続的インテグレーション，継続的デリバリー，および継続的デプロイを簡単に実装するのに役立つ，ノードランタイムベースのフレームワーク[4]です。

　Truffleのインストールは非常に簡単です。TruffleはNodeのパッケージとしてデプロイされ

---

3 訳注：原著の刊行時は4であったが，現在の最新バージョンは5となっています。
4 訳注：原文はnode runtime-based frameworkであり，造語と思われます。

154　第9章　Truffleの基礎と単体テスト

ているため，前提条件としてNode.jsが必要になります。Truffleは，コマンドラインから次のnpmコマンドを実行してインストールできます。

```
$ npm install -g truffle
```

ここで，npmはノードパッケージマネージャを表し，-gオプションはグローバルスコープでのインストールを表します。次のスクリーンショットは，Windows Server 2016へのTruffleのインストールを示しています。このコマンドはLinuxディストリビューションでも同じです。

次のスクリーンショットに示すように，truffle --versionを実行すると，現在のバージョンとTruffleで使用可能なすべてのコマンドが表示されます。

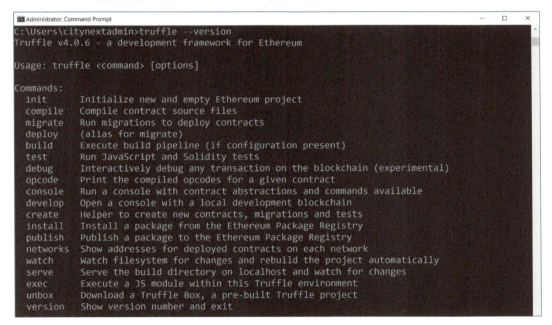

Truffleを使った開発

Truffleを使うのはとても簡単です。Truffleはデフォルトで土台となるコードや設定を提供します。開発者は，すぐに使える設定オプションのいくつかを再設定し，コントラクトの作成に集中するだけで済みます。次の手順を見てみましょう。

1. 最初のステップは，プロジェクトおよびTruffleで生成される成果物を格納するプロジェクトフォルダを作成することです。
2. そのフォルダに移動してinitコマンドを入力します。initコマンドは，フォルダ内のTruffleの起動と初期化を表します。次のスクリーンショットに示すように，適切なフォルダ，コードファイル，設定，およびフォルダ内のリンクが生成されます。

上記のコードにより，次のスクリーンショットに示すようにフォルダ構造が生成されます[5]。

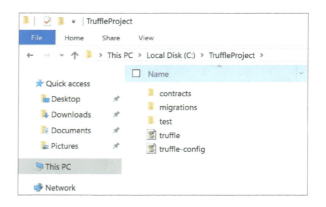

上記のフォルダについて説明します。

- contractフォルダには，migrations.solという名前の単一ファイルが含まれています。これには，開発したコントラクトのイーサリアムネットワークへのデプロイを担うコントラクトが含まれています。開発したコントラクトはこのフォルダ内に配置する必要があります。

---

5 訳注：現在利用可能なtruffleでは，truffle.jsが無くなり，truffle.jsの内容はtruffle-config.jsにマージされています。

- migrations フォルダには，コントラクトのデプロイ処理を実行するための複数の JavaScript ファイルが含まれています。これらの JavaScript ファイルを修正して，すべてのカスタムコントラクトが Truffle に表示され，Truffle がデプロイに適した順序でそれらを連鎖およびリンクできるようにする必要があります。先頭に数字が付いた複数の JavaScript ファイルが含まれています。これらのスクリプトは，１から始まる連続した順序で実行されます。
- test フォルダは空ですが，カスタムテストスクリプトはこのフォルダ内に配置する必要があります。
- truffle と truffle-config の２つの JSON 設定ファイルがあります。プロジェクトに関係のある主な設定ファイルは truffle.js です[6]。これはプロジェクト用にカスタマイズする必要があります。Truffle ランタイムがそれを使用して環境を構成できるように，JSON オブジェクトをエクスポートする必要があります。

ここで用意する必要がある重要な設定情報は，Truffle が接続してコントラクトをデプロイするネットワーク情報です。

3. 次のコードスニペットを使用してネットワーク構成を構成できます。RPC エンドポイントとポートを有効にして実行している既存の Geth インスタンスがあるはずです。JSON-RPC プロトコルを使用してコントラクトをデプロイするために，geth の代わりに ganache-cli を使用することもできます。ネットワーク構成要素は，既存のイーサリアムネットワークに接続するように定義する必要があります。ネットワークは名前で構成され，同様に，複数のネットワークを異なる環境用に構成できます。

```
module.exports = {
    networks: {
        development: {
            host: "127.0.0.1",
            port: 8545,
            network_id: "*" // Match any network id
        }
    }
};
```

4. 次のコードスニペットに示すように，新しいコントラクトを作成し，ファイル名とコンテンツとして first.sol を使用して contracts フォルダ内に保存します。

---

6 訳注：現在利用可能な truffle では，truffle.js が無くなり，truffle.js の内容は truffle-config.js にマージされています。

```solidity
pragma solidity ^0.4.17;
contract First {
        int public mydata;
        function GetDouble(int _data) public returns (int
_output) {
                mydata = _data * 2;
                return _data * 2;
        }
    }
```

5. 次のコードスニペットに示すように別のコントラクトを作成し，ファイル名として second.solを付けて，同じくcontractsフォルダに保存します。

```solidity
pragma solidity ^0.4.17;
import "./first.sol";
        contract Second {
            address firstAddress;
            int public _data;
            function Second(address _first) public {
                firstAddress = _first;
            }
            function SetData() public {
                First h = First(firstAddress);
                _data = h.GetDouble(21);
            }
        }
```

最終的に，contractsフォルダは以下のスクリーンショットのようになります。

---

158   第9章　Truffleの基礎と単体テスト

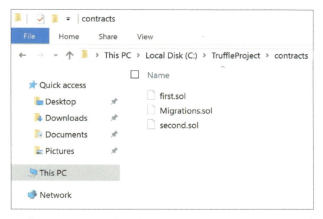

6. 別のスクリプトファイルを追加するように migrations フォルダを修正します。コントラクトのデプロイ順を設定するには，各ファイル名の数字を1ずつ増やす必要があります。今回のケースでは，ファイル名を 2_Custom.js とします。このファイルの内容を次に示します。このファイルの最初の2行は，以前に書かれた2つのコントラクトを参照しています。このファイルは，配布中に Truffle によって呼び出される関数をエクスポートします。次のスクリーンショットに示すように，関数は最初に1番目のコントラクトをデプロイし，それが成功した後に2番目のコントラクトをデプロイします。

```
var hw = artifacts.require("First");

var hw1 = artifacts.require("Second");

module.exports = function(deployer) {
  deployer.deploy(hw).then
    (function() {
        return deployer.deploy(hw1,hw.address);
    })};
```

7. 次のスクリーンショットに示すように，truffle.cmd を使用して compile コマンドを実行します。エラーや警告が出た場合は，デプロイに進む前にコードを修正してください。

```
C:\TruffleProject>truffle.cmd compile
Compiling .\contracts\First.sol...
Compiling .\contracts\Migrations.sol...
Compiling .\contracts\first.sol...
Compiling .\contracts\second.sol...

Compilation warnings encountered:

/C/TruffleProject/contracts/second.sol:9:5: Warning: No visibility specified. Defaulting to "public".
    function Second(address _first) {
    ^
Spanning multiple lines.

Writing artifacts to .\build\contracts
```

> windows環境でtruffleコマンドを実行する場合，モジュールが定義されていない等のエラーが発生することがあるので，truffleの代わりにtruffle.cmdを使用してください。

8. それではコンパイルしたコントラクトをデプロイしましょう。Truffleはmigrateコマンドを提供しており，次のスクリーンショットに示すように使用してください。ただし，migrateコマンドを実行する前に，Gethまたはganache-cliのインスタンスが実行されている必要があります。Gethマイニングを使用する場合は，マイニング処理も実行されているはずです。testrpcを使用する場合，マイナーは必要ありません。

```
C:\TruffleProject>truffle.cmd migrate
Using network 'development'.

Running migration: 1_initial_migration.js
  Deploying Migrations...
  ... 0x262e57282d269620a6642f6f5806ec72f0917d48979747d1cad9cb2106009a68
  Migrations: 0x65989fd1cdb5813460258a80c406ec25e00871a3
Saving successful migration to network...
  ... 0x7282c4bdde56076beaecd71785198ec2b93fd788a126ad40c06c37105d39402d
Saving artifacts...
Running migration: 2_Custom.js
  Deploying First...
  ... 0x3f507f2ecdc8842ca6f149d532401cfa7e325425960041dddb942e64381d7960
  First: 0xcf52edb0f5e9fd1509e5446b7c09889e0f3beb15
  Deploying Second...
  ... 0xc4bde155b2379d0ec8760e2da238dda96de6448291ae4410d98fef8e951df9a2
  Second: 0x7f3231d099966966230f1a0437d89f8824dc97db
Saving successful migration to network...
  ... 0x711f4234786b06542a48d374e0da98e6e348afd4d68d6247058c98595b51dd3b
Saving artifacts...
```

上記のスクリーンショットは，両方のmigrateスクリプトが番号順に実行されたことを示しています。これで，コントラクトがデプロイされて消費可能になりました。コントラクトのインスタンスは，そのABI定義とアドレスを使用して作成できます。トランザクションアドレスとともにコントラクトアドレスも利用できます。

Truffleにはさらにたくさんのアクティビティやコマンドがありますが，紙面の都合上，ここでは触れません。次にTruffleランタイムを使用したコントラクトの単体テストについて説明します。

Truffleを使ったテスト

　単体テストとは，ソフトウェアの個々のユニットおよび，コンポーネントを分離したものに固有のテストを指します。単体テストは，コントラクト内のコードが機能上および技術上の要件に従って記述されていることを確認するのに役立ちます。最小の各コンポーネントが異なるシナリオでテストされ，問題がない場合は，結合テストなどの他の重要なテストを実行して複数のコンポーネントをテストできます。

　前述のように，Truffleはテストフォルダを生成し，すべてのテストファイルはこのフォルダに配置されます。テストはSolidityと同様にJavaScriptで書くことができます。Solidityを使ったテストの記述について詳しく見ていきましょう。

　Solidityのテストはコントラクトの作成という形で書かれ，Solidityファイルとして保存されます。コントラクトの名前はTestという接頭辞で始まり，コントラクト内の各関数にはtestという接頭辞が付きます。コントラクト名にはTest，関数名にはtestという接頭辞を付けることに注意してください。

　次のスクリーンショットは，コントラクト内でテストを書くためのコードを示しています。

```solidity
pragma solidity ^0.4.19;

import "truffle/Assert.sol";
import "truffle/DeployedAddresses.sol";
import "../contracts/first.sol";

contract TestFirst {
  function testGetDoublePositiveUsingDeployedContract() {
    First meta = First(DeployedAddresses.First());

    Assert.equal(meta.GetDouble(10), 20, "Positive input gives double value");
  }

}
```

　TestFirstコントラクトには注意すべき点がいくつかあります。Assert.solやDeployedAddresses.solなどのTruffleが提供する重要なライブラリはインポートされているので，それらの中の関数を使用できます。

　1つのコントラクト内に複数の関数が存在する可能性がありますが，表示の都合上，単一の単体テストが作成されます。実際には，同じコントラクト内に複数のテストがあることもあります。

　関数の最初の行は，デプロイされたFirstコントラクトへの参照を作成し，GetDouble関数を呼び出します。この関数からの戻り値はAssert.equal関数の2番目のパラメータと比較され，両方が同じであればテストは成功します。そうでなければ失敗します。

　Assert.equal関数は，実際の戻り値と予想される戻り値を比較するのに役立ちます。

161

コントラクト内の関数が呼び出されるたびに，それが最終的にブロックと台帳に書き込まれるトランザクションであることを理解することが重要です。実際には，コントラクト内で関数をテストすることは，スマートコントラクトに関連するトランザクションをテストしていることになります。

　次のスクリーンショットに示すように，テストは test コマンドを使用して実行されます。

```
C:\TruffleProject>truffle.cmd test
Using network 'development'.

Compiling .\contracts\first.sol...
Compiling .\test\TestFirst.sol...
Compiling truffle/Assert.sol...
Compiling truffle/DeployedAddresses.sol...

Compilation warnings encountered:

/C/TruffleProject/test/TestFirst.sol:10:3: Warning: No visibility specified. Defaulting to "public".
  function testGetDoublePositiveUsingDeployedContract() {
  ^
Spanning multiple lines.



  TestFirst
    √ testGetDoublePositiveUsingDeployedContract (110ms)


  1 passing (859ms)
```

まとめ

　この章では，Solidity コントラクトの作成，テスト，およびデプロイの処理を容易にするためのツールとして Truffle を紹介しました。各ステップを入力して実行する代わりに，Truffle はコントラクトのコンパイル，デプロイ，およびテストのための簡単なコマンドを提供します

　次の章は本書の最後の章になり，Solidity に関連するトラブルシューティングの活動とツールに焦点を当てます。デバッグはトラブルシューティングにあたって非常に重要で，すべてのコントラクト開発者にとって重要なスキルです。リミックスのデバッグ機能については，コントラクトをデバッグするための他の機能とともに説明します。

第10章

コントラクトのデバッグ

　本書の最終章です。ここまで，Solidityとイーサリアムを概念的な観点から解説し，Solidity
コントラクトの開発，テストを行いました。しかし，コントラクトのトラブルシューティングに
ついては解説してきませんでした。プログラミング言語を扱う上で，トラブルシューティングは
重要なスキルであり，実力を磨く訓練にもなります。トラブルシューティングにより，効率的に
問題を突き止め，解決することができるようになるでしょう。また，トラブルシューティングは
芸術でもあり，科学でもあります。開発者はトラブルシューティングの技術を経験に頼り学ぶだ
けでなく，デバッグにより裏側で動いている背景を確かめながら学ぶことも必要です。この章で
は，Solidityコントラクトのコーディングにおける問題に関連したデバッグに焦点を当ててい
きます。

本章で扱う内容　●コントラクトのデバッグ
　　　　　　　　　　　●RemixとSolidityイベントを使用したコントラクトのデバッグ

163

デバッグ

　デバッグを行うことは，Solidityでスマートコントラクトを作成していく能力をつけるための重要なトレーニングになります。デバッグとは，問題やバグを見つけ，コードを変更してそれらを取り除くことです。便利なツールや機能に頼った開発を行っている場合，スマートコントラクトをデバッグすることが困難な場合もあります。一般にデバッグでは，コードの各行をステップごとに実行し，一時変数，ローカル変数，およびグローバル変数の現在の状態を確認して，コントラクトを実行しながら各命令を順に調べていきます。

　Solidityコントラクトをデバッグするには，以下の方法があります。
- Remixエディタの使用
- イベント
- ブロックエクスプローラ（Block explorer）

Remixエディタ

　前章でSolidityコントラクトを記述するためにRemixエディタを使用しました。ただし，Remixで利用できるデバッグの便利な機能は使用していません。Remixのデバッガは，コントラクトの実行時における振る舞いを観測しており，実行時に発生する問題を特定する際に役立ちます。デバッガはSolidityコードとコントラクトのバイトコードの両方で動作確認できます。デバッガを使用すると，実行を一時停止してコントラクトコード，状態変数，ローカル変数，およびスタック変数を調べ，コントラクトコードから生成されたEVMの命令を表示できます。

　次のスクリーンショットは，Remixエディタを使用したデバッグのデモに使用するコントラクトコードを示しています。

```solidity
pragma solidity ^0.4.0;

contract DebuggerSampleContract {

    int counter = 10;

    function LoopCounter(int _input) public view returns (int)  {
        int returnValue;

        for (; _input < counter; _input ++)
        {
            returnValue  += _input;
        }
        return returnValue;
    }
}
```

第10章　コントラクトのデバッグ

このコントラクトは単一の状態変数と関数をもっています。この関数は，入力値がcounterの値に達するまでループし，合計値を呼び出し元に返します。LoopCounter関数をデプロイして実行すると，次のスクリーンショットに示すようにDebugボタンをクリックしてこの関数をデバッグすることができます。

```
creation of DebuggerSampleContract pending...
[vm] from:0xca3...a733c, to:DebuggerSampleContract.(constructor), value:0 wei, data:0x606...d0029, 0 logs, hash:0x719...ab533                Details  Debug
```

　これにより，RemixのDebuggerタブにフォーカスが移り，ローカル，状態，メモリ，コールスタック（callstack），スタック，命令，および呼び出しデータに関する実行時情報を，各コードステップの実行に対して検証できます。

　次の2つのスクリーンショットは，コントラクト実行時のさまざまな実行の内部情報を示しています。

　スクリーンショット中の以下の項目は，関数の実行に利用されたバイトコードのデータを表しています。

- **Solidity Locals**：入力パラメータ，データ型，その値を示します。
- **Solidity State**：状態変数，そのデータ型，現在の値を表示します。
- **Step detail**：デバッグにおいて重要なGasの使用量，消費量，および残りのGas量を示します。
- **Call Stack**：関数のコード実行時に必要となる一時的な変数を示します。
- **Memory**：関数内で使用されるローカル変数を表示します。
- **Call Data**：クライアントがコントラクトに送信する生のペイロードを表します。最初の4バイトは関数識別子を表し，残りは入力パラメータ毎に32バイトを保持しています。

　デバッグの重要な特徴として，特に確認したいコードの各行で実行を停止できることが挙げられます。ブレークポイントはこのユースケースにおいて便利です。行番号の横にある任意の行をクリックすると，ブレークポイントを設定することができます。もう一度クリックすると，ブレークポイントは削除されます。関数の実行中でこの行にさしかかった時，実行は中断され，値と実行状況はDebuggerタブから確認できます。次のスクリーンショットはブレークポイントを示

しています。

```
3    pragma solidity ^0.4.0;
4
5 ▼  contract DebuggerSampleContract {
6
7        int counter = 10;
8
9 ▼      function LoopCounter(int _input) public view returns (int) {
10           int returnValue;
11
12           for (; _input < counter; _input ++)
13 ▼         {
14               returnValue  += _input;
15           }
16           return returnValue;
17       }
18  }
```

Remixを使用すると，"ステップオーバー"，"ステップバック"，"ステップイン"，"前のブレークポイントまで戻る"，"ジャンプアウト"，"次のブレークポイントまで進む"を実行することができます。特定のブロックまたはトランザクションに関するブロック番号やトランザクションハッシュを利用して情報を表示する機能もあります。次のスクリーンショットに示すように，トランザクションハッシュの代わりにトランザクション番号を一括して指定することができます。

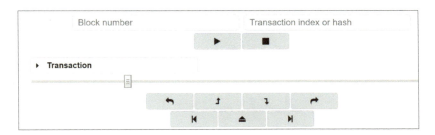

イベントの使用

第8章で，例外やイベント，ロギングの取り扱い方法について見てきました。イベントはトラップされることで，現在の実行状況に関連した情報を提供してくれます。コントラクトはイベントを宣言するべきであり，関数はこれらのイベントを呼び出すべきで，イベントの内容を読む人が誰であろうと十分な情報量を適切な文脈で提供してくれます。

ブロックエクスプローラの使用

ブロックエクスプローラは，イーサリアム用のブラウザです。ネットワーク内にある現在のブロックとトランザクションに関するレポート情報を提供してくれます。今のデータと過去のデー

タについて知る際に最適な場所です。次のスクリーンショットに示しているように，https://etherscan.io/ で確認できます。

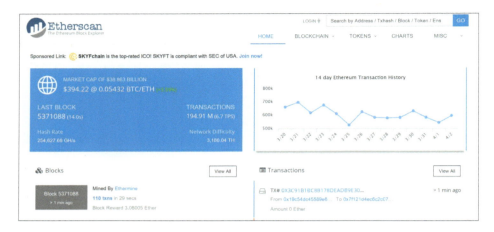

アカウントとコントラクトの両方を含んだトランザクション情報を表示しています。以下に示すように，トランザクションをクリックすると，そのトランザクションに関する詳細が表示されます。

ここまでで，イーサリアム台帳に保存されているトランザクション情報の詳細を確認できました。上記のスクリーンショットから，トランザクションの詳細項目に関していくつか見ていきましょう。

- **TxHash**：トランザクションハッシュを示します。
- **TxReceipt Status**：ブロードキャストが完了または完了待機中のトランザクションの状態を表します。
- **Block Height**：トランザクションが格納されているブロック番号を示します。
- **TimeStamp**：トランザクションのタイムスタンプを示します。
- **From**：トランザクションの送信者を示します。
- **To**：トランザクションの受信者を示します。
- **Value**：転送された Ether の量が表示されます。
- **Gas Limit**：ユーザが指定した gas limit を表します。
- **Gas Used**：トランザクションで使用された Gas の量を示します。
- **Gas Price**：送信者が定めた gas price を示します。
- **nonce**：送信されたトランザクションの回数を判別します。
- **Actual Tx Cost/Fees**：トランザクションの総コスト，つまり (gas used) * (gas price) を表します。

　ブロック情報をクリックすると，そのブロックに関する情報とブロックに含まれるトランザクションの一覧が表示されます。次頁のスクリーンショットに示すように，ブロックヘッダ，親ハッシュ，マイナーアカウント，難易度，ナンス（nonce）など，ブロックヘッダから取得できるすべての詳細が表示されます。

　スクリーンショットに記された情報のいくつかについて，以下に説明します。

- **Height（ブロック高）**：台帳のブロック番号
- **Transaction**：ブロック内のトランザション数（この場合は110），および内部トランザクション数（コントラクト間におけるメッセージの呼び出し数）
- **Hash**：現在のブロックヘッダのハッシュ
- **Parent Hash**：親ブロックのハッシュ
- **Sha3Uncles**：アンクルルートハッシュ
- **Mined By**：ブロックをマイニングした時の coinbase や etherbase アカウント
- **Difficulty**：現在のブロックの難易度
- **Total Difficulty**：現在のブロックまでの累積難易度
- **Size**：ブロックサイズ
- **Gas Used**：ブロック内の全トランザクションで使用された全 Gas 使用量
- **Gas Limit**：ブロックの最大 Gas Limit
- **Nonce**：PoW が行われたことの証拠
- **Block Reward**：ブロックのマイニングにおける報酬

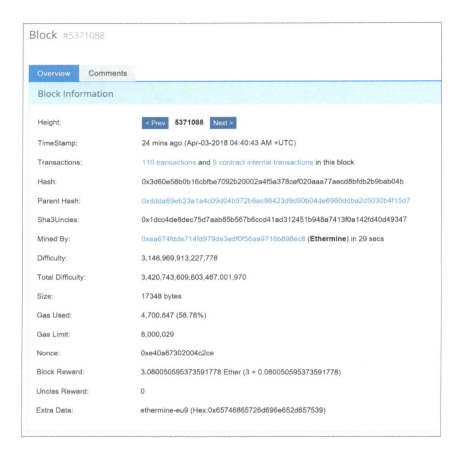

まとめ

　これで，本書は完結です。Solidityは絶えず進化している新しいプログラミング言語です。Solidityコントラクトは，Remixエディタを使ってデバッグすることができます。Remixは各ステップで変数とコード実行を検証することによって，コントラクトを監視しデバッグするための便利な方法を提供してくれます。コード実行中に前後の動きを確認できるため便利です。また，コードの実行を中断するためのブレークポイントも提供します。コントラクトをデバッグする方法は他にもあります。ブロックエクスプローラとSolidityイベントです。これらにはデバッグする上で限定的な機能しか提供してくれませんが，非常に有用であり生産性の向上につながるでしょう。

　本書を読んで楽しんでもらえたこと，そして読者の皆様がこれからSolidity開発者のロックスターになることを心から願っています。希望をもち，そして学び続けてください！

索引

英文索引

Application Binary Interface (ABI) 24

assert文 147

AssignDoubleValue関数 133

assignInteger関数 79

AssignTenerValue関数 133

balance属性 80

block explorer 164

blockHash属性 16

blockNumber属性 16

bool 73

Boolean 100

break構文 107

browser-solidity 21

C3線形化アルゴリズム 120

Calldata 66

callメソッド 137

Check-Deduct-Transfer (CDF) 137

Check-Effects-Interaction (CEI) 137

coinbaseアカウント 36

constant 58,63

constant function 135

continue構文 108

contract account 15

database 2

decentralization 2

delegatecallメソッド 141

distributed 2

do...whileループ 106

enum 61

enumeration 56

Ether 6

etherbaseアカウント 36

Ethereum Natural Specification (Natspec)

. . . . 54

Ethereum Virtual Machine (EVM) 8,11,52

external 63

externally owned account 11,14

fallback関数 89,141

forループ 105

from属性 16

ganache-cli 38,157

gas 7,10,16,134,169

gas cost 7

gas limit 10

gas price 7,94,169

gasPrice属性 16

gas属性 16

getAge関数 60

Geth 30

getter関数 90

getUInt関数 67

hash属性 17

if文 102

input属性 16

Inter Process Communication (IPC) 31

internal 58,62,90

keccak256関数 95

Kovan 29

ledger 2

mapping 65,81,83

mapping変数 108

Memory 66

MetaMask 45

Method Resolution Order (MRO) 120

Mist 43

modifiers 59,89

Morden 29

msg.sender 94

newキーワード 113

nonce属性 17

171

onlyBy 62	view 63
passByValue関数 79	Web Sockets (WS) 32
payable 63	web3 JavaScript ライブラリ 41
pragma. 53	wei 6,16,96
private 58,63,90	while 条件 104
promise関数 151	while ループ. 103

和文索引

あ行

Proof of Authority (PoA) 14,29	アカウント. 14
Proof of Stake (PoS) 14	値型 64
Proof of Work (PoW) 14,29	値渡し 64
public. 58,62,90	アドレス 80,136
pure 63	暗号化関数. 95
Remix 20,164	イーサリアム .3
Remote Procedure Calls (RPC) 31	イベント 60,149
require文 146	イベントの監視 151
returnEnumInt関数 79	インタフェース 126
returnEnum 関数 79	インポート文 55
return 構文 109	ウォレット. 43
revert文 148	エラー 146
Rinkeby .29,32	オーバーライド 124
Ropsten .29,32	オーバーロード 122
selfdestruct 96	オブジェクト指向プログラミング. 52
send関数 81	オペランド. 100
sendメソッド 136	親コントラクト 117
setEtherBase関数. 36	

か行

sha3関数. 95	階層継承 119
Solidity. 41	外部アカウント 11,14
Stack 66	ガスリミット 10
Storage 66	型変換. 90
suicide 96	カプセル化. 121
test network. 28	関数 62
this. 96	関数多態性. 122
to属性. 16	基底コントラクト 117
transactionIndex属性. 17	キャレット. 53
transfer関数 81	グローバル関数 96
transferメソッド. 137	継承 117
Truffle 153,154	契約 20,112
tx.origin 94	
value 属性 16,17	
var型変数 88	

コインベーストランザクション	13	トランザクションプール	13
構造体	59	トランザクションレシート	13
子コントラクト	117	取引	15

な・は行

ノード	11,28
ノードパッケージマネージャ（NPM）	39,41
バイト	74
バイト配列	76
派生クラス	117
ハッシュ化	4
非対称暗号	4
非中央集権型	2
符号付き整数	72
符号なし整数	72
プルーフ・オブ・ワーク	14
ブロック	18
ブロックエクスプローラ	167
ブロックチェーン	2
分散型	2
分散台帳	28
変数の巻き上げ	89

固定配列 75
コメント 54
コンストラクタ 115
コンソーシアムネットワーク 29
コントラクト 20,55,112
コントラクトアカウント 15
コントラクトアドレス 114
コントラクト多態性 122

さ行

参照型	64
参照渡し	65
ジェネシスブロック	9,33
式	100
修飾子	59,132
純関数	63,134,135
状態可変性属性	134
状態変数	57
スコープ	89
スマートコントラクト	20,112

ま・ら行

マイナービルド番号	53
マイニングノード	11
マッピング	81
メインネットワーク	28
メジャービルド番号	53
文字列配列	76
ルート・トランザクション・ハッシュ	13
列挙型	61

た行

対称暗号	4
台帳	2
多重継承	119
多態性	122
多段継承	118
単一継承	117
抽象コントラクト	124
定数関数	63
デジタル署名	6
データベース	2
デバッグ	164
動的配列	75
トラブルシューティング	163
トランザクション	15
トランザクション・マークルルート・ハッシュ	10,13

訳者紹介

花村直親 (はなむらなおちか)

1990年生。大阪大学卒。ITエンジニア・コンサルタントとしてブロックチェーンデータ分析プラットフォーム開発，暗号通貨監査などの経験を持つ。スタートアップ創業などを経て現在はブロックチェーンとデータを軸に複数社の事業立ち上げに携わっている。

松本拓也 (まつもとたくや)

1988年生。東京大学大学院修了。国内系コンサルティングファームを複数社経て，onplanetz株式会社を創業。データサイエンティストとして，機械学習のPoC開発を多数経験。現在はonplanetz株式会社でCTOとして企業向けの機械学習導入支援と並行して，ブロックチェーンの最新動向の調査及び開発を行っている。

小池駿平 (こいけしゅんぺい)

1993年生。東京理科大学卒。クラウドを活用したPoC開発を得意とする。シンプレクス株式会社にて過去最速の昇進，その後独立。在籍中に設計した仮想通貨ウォレットシステムがAWSより評価され，"This is My Architecure"に日本金融業界から初選出。現在はVRを絡めたDApps開発に取り組む。

NDC007.64　　187p　　24cm

Solidity プログラミング (ソリディティ)
ブロックチェーン・スマートコントラクト開発入門 (かいはつにゅうもん)

2019 年 9 月 5 日　第1刷発行
2022 年 9 月 14 日　第2刷発行

著　者	Ritesh Modi (リテシュ モディ)
訳　者	花村直親・松本拓也・小池駿平 (はなむらなおちか　まつもとたくや　こいけしゅんぺい)
発行者	髙橋明男
発行所	株式会社　講談社

〒112-8001　東京都文京区音羽 2-12-21
　　　販　売　(03) 5395-4415
　　　業　務　(03) 5395-3615

編　集	株式会社　講談社サイエンティフィク
	代表　堀越俊一

〒162-0825　東京都新宿区神楽坂 2-14　ノービィビル
　　　編　集　(03) 3235-3701

本文データ制作	株式会社　双文社印刷
印刷・製本	株式会社　KPSプロダクツ

KODANSHA

落丁本・乱丁本は，購入書店名を明記のうえ，講談社業務宛にお送り下さい。送料小社負担にてお取替えします。なお，この本の内容についてのお問い合わせは講談社サイエンティフィク宛にお願いいたします。定価はカバーに表示してあります。

© N. Hanamura, T. Matsumoto and S. Koike, 2019

本書のコピー，スキャン，デジタル化等の無断複製は著作権法上での例外を除き禁じられています。本書を代行業者等の第三者に依頼してスキャンやデジタル化することはたとえ個人や家庭内の利用でも著作権法違反です。

Printed in Japan

ISBN 978-4-06-515537-0